KB051504

개가 보는 세상이 흑백이라고?

동물 상식 바로잡기

개가 보는 세상이 흑백이라고?
동물 상식 바로잡기

초판 1쇄 펴낸날 2023년 3월 20일
초판 2쇄 펴낸날 2023년 11월 20일

지은이 매트 브라운
옮긴이 김경영
펴낸이 이건복
펴낸곳 도서출판 동녘

책임편집 이지원 구형민
편집 김혜윤 홍주은
디자인 김태호
마케팅 임세현
관리 서숙희 이주원

등록 제311-1980-01호 1980년 3월 25일
주소 (10881) 경기도 파주시 회동길 77-26
전화 영업 031-955-3000 편집 031-955-3005 **전송** 031-955-3009
홈페이지 www.dongnyok.com **전자우편** editor@dongnyok.com
페이스북·인스타그램 @dongnyokpub
인쇄·제본 영신사 **종이** 한서지업사

ISBN 978-89-7297-075-0 (03490)

• 잘못 만들어진 책은 구입처에서 바꿔 드립니다.
• 책값은 뒤표지에 쓰여 있습니다.

개가 보는 세상이 흑백이라고?

매트 브라운 지음 · 김경영 옮김 · 이정모(전 국립과천과학관장) 감수

동녘

추천하는 말
동물에 대한 이해가 깊어지는 책

아는 건 좋은 거다. 그런데 잘못 알면 해롭다. 오해를 할 바에야 아예 모르는 게 나은 경우는 얼마든지 있다. 오해는 조롱과 미움 또는 까닭 없는 애착으로 이어져서 결국 자기와 세상에 해를 끼칠 수도 있기 때문이다. 과학이 아주 대표적인 예다. 어설프게 알면 자기 손해다. 전자레인지의 위험성, 게르마늄 목걸이의 효능, 선풍기 바람에 대한 미신 같은 것은 자기 혼자 손해를 보지만, 백신 혐오는 사회적인 문제로도 이어진다. 보통 이런 분야의 가짜 과학은 누군가의 돈벌이와 연관이 있다. 그래서 바로잡기도 힘들다.

고등학교 물리, 화학, 지구과학, 생물 가운데 가장 만만한 과목을 고르라면 요즘 고등학생들은 압도적으로 지구과학을 고르겠지만 한 세대 위에서는 생물을 골랐다. 우리가 생물이다 보니 친숙한 데다가 요즘처럼 발생, 복제, 크리스퍼 유전자가위처럼 어려운 분자생물학이 없었기 때문이다. 어떤 과목을 좋아하다 보면 그 과목 선생님과 과목의 주요 요소들도 좋아하게 된다. 생물을 좋아한다면 동물과 식물 그리고 미생물도 좋아진다.

하지만 미생물은 평소에 눈에 잘 안 보이고 (이것도 오해지만) 우리에게 좋지 않은 존재로 각인되어 있다. 식물은 봐도 잘 모른다. 그게 그것 같다. 잘 모르면 오해할 거리도 많지 않다. 문제는 동물이다. 우리는 동물을 좋아한다. 심지어 TV 프로그램 〈동물의 왕국〉은 늘 최고 인기 프로그램이었다. 친숙한 만큼 오해할 거리도 많아진다. 혹시 우리가 좋아하는 동물을 오해하고 있다면 한번 정리해서 다시 알아가는 것이 좋지 않을까?

이 책은 여기에 안성맞춤이다. 매우 명랑한 책이다. 독자는 책을 읽으면서 자신의 잘못된 상식을 발견하지만 지적당하는 분위기는 전혀 아니다. 깔깔대면서 자신을 발전시킬 수 있다.

책은 크게 7부로 구성되어 있다. 동물 기본 상식을 시작으로 포유류, 반려동물, 새, 파충류와 양서류, 수중 생물, 벌레와 곤충으로 이어진다. 딱 봐도 교과서 스타일은 아니다. 과학적인 분류 체계를 따르기도 하고 우리의 일상적인 분류를 따르기도 한다. 그러니 너무 공부하는 자세로 보지 말고 그냥 아무 데나 펼쳐서 읽으면 된다.

생물에 대한 지식을 쌓을 때 가장 중요한 것은 이름이다. 이름을 알면 그 생물이 보이기 시작한다. 뱁새를 아는가? 황새 쫓아가다가 가랑이 찢어진다는 그 뱁새 말이다. 본 적이 거의 없을 거다. 그런데 실제로는 엄청 많이 봤을 수도 있다. 뱁새의 정식 명칭은 붉은머리오목눈이다. 어떻게 생겼을까? 그렇다! 머리는 붉은색이고 눈이 오목하게 들어갔다. 참새만 한 크기의 새인데 이렇게 생겼다면 뱁새, 즉 붉은머리오목눈이다.

그런데 생물 이름은 나라마다 다르다. 모든 사람들이 주변 생물에게 일찌

감치 이름을 붙여 놓았기 때문이다. 먼 나라 동물 이름은 대충 붙인다. 크로커다일과 앨리게이터 그리고 가비알을 우리는 그냥 모두 악어라고 한다. 우리는 김, 미역, 다시마, 모자반, 톳 등 다양한 이름으로 부르는 걸 서양 사람들은 그냥 해초라고 얼버무리는 것과 같다.

이 책은 서양 사람이 썼다. 서양의 많은 동물이 나온다. 물론 우리에게도 친숙하다. 서양 사람도 동물에 이름을 붙일 때 아무렇게나 붙이는 게 아니라 붉은머리오목눈이처럼 분명한 이유를 가지고 붙인다. 그래야 그 이름이 살아남는다. 책에는 이름의 기원이 자주 나오는데 이 지식 또한 알차다. 책을 읽다 보면 어원을 알게 되고 덩달아 동물에 대한 이해가 깊어지는 자신을 발견하게 될 것이다.

이 책을 통해 동물에 대한 오해를 풀고 동물을 더 사랑하게 되어, 우리 사회가 생태계 보전에 더 큰 힘을 쏟게 만드는 일은 바로 독자의 몫이다. 책을 펼쳐 보라. 동물의 왕국이 열린다.

— 이정모 (펭귄 각종과학관장, 전 국립과천과학관장)

들어가는 말
우리가 알아야 할 동물에 대한 오해와 진실

동물의 역사는 그리 길지 않다. 타임머신을 타고 지구의 과거 어느 때로든 돌아가 보라. 운이 좋으면 코를 킁킁거리거나 종종거리며 달아나거나 꿈틀거리는 존재를 발견할 것이다. 단순 생명체는 약 35억 년 전 처음 등장했지만, 우리 동물 조상은 겨우 6억 년 전에 나타났다. 지구상에 생명체가 존재했던 역사 중 6분의 5에 해당하는 기간 동안 동물의 형태, 말하자면 물 위에 뜨는 녹색 조류보다 더 흥미로운 생명체는 없었다. 인류의 동물 조상이 늘어난 건 그 이후 어느 때부터다. 동물은 그 종류가 워낙 많아서 인간의 머리로는 도저히 다 헤아리기가 힘들 정도다. 딱정벌레만 40만 종에 이르며, 알려진 종만이 이 정도다. 성경 속 노아가 정말로 모든 동물이 탈 수 있는 방주를 만들었다면 출석을 부르는 데만 몇 번은 다시 죽고 태어나야 했을 것이다.

그렇다고 해도 동물은 유기물 수프에서 탄생한 아주 일부의 존재에 불과하다. 수없이 많은 박테리아와 다른 미생물 형태에 비하자면 전체 동물종의 수는 아주 적다. 대략 800만 종의 동물이 이 지구상에서 살아가며, 그중 150만 종만이 알려져 있다. 수조 종이 넘는 박테리아에 비하자면 새 발의 피다. 동물은 심지어 생명 이야기에서 없어도 되는 불필요한 존재 취급을 당하기도 한다. 우리 인간은 미생물보다 늦게 등장했으며 이제는 수적으로도 훨씬 밀린다. 먼 훗날 태양이 팽창해 다세포 생명체가 살기 힘든 환경이 되면 우리는 언젠가 이 지구를 미생물의 손에 완전히 돌려주어야 할 것이다. 누군가는 이것을 생존 경쟁에서 패배한 자들의 이야기라도 부를지도 모른다.

이 책은 기본적으로 동물 잡학 지식서다. 나는 우리가 오해하고 있는 사실을 살펴봄으로써 일반적인 '정보 나열식' 구성 방식을 뒤엎고자 했다. 각 장에서 흔히 알려진 '사실'을 소개한 뒤 그 사실이 틀렸음을 이야기한다. 낙타는 혹 안에 물을 저장하고 있고, 긴다리거미는 대단히 독성이 강하며, 금붕어는 기억력이 나쁘고, 레밍은 주기적으로 벼랑에서 뛰어내려 자살을 한다고 알고 있다면 이 책을 계속 읽어 보라.

수 세기에 걸쳐 사람들은 동물에 대한 터무니없는 이야기를 믿어 왔다. 불도마뱀은 불 속에서 살고, 까치 한 마리를 보면 나쁜 일이 생긴다는 믿음(우리나라는 까치를 길조로 여기지만, 서양에서는 반대로 흉조로 여긴다)이 대표적이다. 고양이는 사람이 말한 대로 행동한다고 믿는 사람들도 있다. 고대와 현대의 문학 작품 속에는 상상의 동물들이 포효한다. 지금도 이어지는 서양 전통에서 몇 개만 꼽아 보자면 유니콘, 만티코어, 그리핀, 재카로프, 스핑크스, 하피, 그루팔로, 바실리스크, 용* 따위가 있다. 그리고 그 존재가 과학은 아니더라도 일화

* 이런 말을 덧붙이면 더 헷갈리겠지만, 마지막 두 동물은 실제로 존재하는 덜 무서운 동물의 이름이다.(바실리스크는 이구아나와 도마뱀, 용은 날도마뱀을 가리키는 단어이기도 하다)

로만 추정되는 '미확인 동물'이 있다. 히말라야산맥에 살고 있다는 설인 예티, 흡혈 좀비 추파카브라, 네스호의 괴물이 여기에 속한다.

환상의 동물까지 이야기할 필요는 없을 듯하다. 자연계에도 믿기 힘든 이야기들이 넘쳐나기 때문이다. 새의 눈물을 먹고 사는 나방부터 악기를 만드는 동물만 봐도 그렇다. 술 달린 수염상어, 뼈를 먹는 콧물꽃벌레, 원숭이얼굴장갱이는 모두 신화 속 동물만큼이나 신비롭게 들린다. 자연계는 우주 속 우주를 품고 있고, 그 우주는 대부분 미개척 상태로 남아 있다.

안타깝게도 동물에 대한 어떤 책도 지구상의 동물들 사이 점차 커지고 확산되는 위협을 외면할 수 없다. 우리 눈에 보이는 모든 곳의 서식지는 위협을 받고 있고 동물의 개체 수는 줄어들고 있다. 해마다 심각해지는 지구 온난화는 새로운 희생자를 만들어 낸다. 우리가 사는 이 시대는 새로운 대멸종의 초기 단계다. 공룡 그리고 다른 수많은 동물 집단의 대멸종 사건 때와도 비슷하다. 다만 이번에는 공룡 멸종 때와는 달리 소행성이 아니라 인간의 산업이 종말을 불러오고 있다. 나는 이 책을 통해 사라져 버린 것을 슬퍼하기보다는 여전히 자연계에 차고 넘치는 불가사의한 일과 존재를 즐기기로 마음먹었다. 하지만 곧 닥칠 재앙의 낌새는 어쩔 수 없이 책 곳곳에 스며 있을 것이다.

자, 이제 우리가 몰랐던 동물의 세계로 함께 떠나 보자!

Contents

• 추천하는 말 • 4
• 들어가는 말 • 7

Chapter 1 동물 기본 상식 바로잡기

동물은 움직이고 숨 쉬고 머리가 달려 있어야 한다고? • 16
동물은 교미를 해야만 번식할 수 있다? • 23
다른 두 종끼리는 교배할 수 없다? • 27
복잡한 동물일수록 유전자 수가 더 많다고? • 31
바다 밖으로 나온 최초의 동물이 어류라고? • 35
지구 밖으로 처음 나간 동물은 개다? • 37
우리가 완벽한 동물 목록을 가지고 있다고? • 41

사람이 먼저 발명한 게 아니야! • 44

Chapter 2 포유류에 관한 오해와 진실

모든 포유류는 온혈 동물이다? • 50
황소가 붉은색을 보면 흥분한다고? • 54
낙타의 혹 안에는 물이 가득 차 있다? • 56
박쥐가 시력이 나쁘다고? • 58
레밍이 절벽에서 뛰어내려 자살한다고? • 60
인간은 침팬지에서 진화했다? • 63
코끼리가 코를 빨대처럼 사용한다고? • 65
사자는 정글의 왕이다? • 69
우리 생활 반경 1.8미터 안에는 늘 쥐가 있다? • 72
호저는 가시를 쏠 수 있다? • 75
유대목 동물은 호주에서만 서식한다? • 77

동물의 별난 식탁 • 79

Chapter 3 반려동물의 비밀

개가 보는 세상이 흑백이라고? • 84
개의 1년은 인간의 7년과 같다? • 86
개는 멍멍 하고 짖는다? • 88
토끼는 늘 당근을 먹는다? • 90
고양이는 높은 곳에서 떨어져도 살아남는다? • 91
금붕어의 기억력은 7초다? • 94

Chapter 4 새에 관한 잘못된 믿음

타조는 모래 속에 머리를 묻는다? • 98
펭귄이 북극곰과 친하다고? • 100
오리의 울음소리는 메아리치지 않는다? • 104
올빼미는 머리를 360도 돌릴 수 있다? • 106
칠면조가 튀르키예에서 왔다고? • 108
까치는 반짝이는 물건을 자주 훔친다? • 110
새끼 새를 손으로 만지면 안 된다? • 113
비둘기가 날개 달린 쥐라고? • 115
빵은 새의 몸에 해롭다? • 118
런던의 앵무새는 지미 헨드릭스가 풀어놓은 새다? • 121

영화에 등장하는 동물 오류 • 124

Chapter 5 파충류와 양서류는 억울해

두꺼비를 만지면 사마귀가 생긴다? • 130
카멜레온이 위장을 위해서 피부색을 바꾼다고? • 133
보아뱀은 먹잇감을 질식시켜 죽인다? • 136

공룡에 관한 다른 의심스러운 속설들 • 140

Chapter 6 수수께끼 물속 생물

모든 상어는 잔인한 살인마다? • 148
피라냐가 사람을 물어뜯는다고? • 153
지구상에서 가장 큰 생물은 대왕고래다? • 156
고래와 돌고래는 어류다? • 159
문어의 다리가 여덟 개라고? • 163
모든 장어는 사르가소해에서 태어난다? • 165
투구게는 살아 있는 화석이다? • 168

헷갈리면 안 되는 동물 이름 • 171

Chapter 7 벌레와 곤충 팩트 체크

긴다리거미는 가장 유독한 곤충이다? • 176
집게벌레가 인간의 귓속을 파고든다고? • 178
지네의 다리는 100개다? • 180
꿀벌은 침을 쏘고 나면 죽는다? • 182
거미는 눈이 여덟 개다? • 184
암컷 사마귀는 짝짓기 후 수컷을 먹어 치운다? • 186
지렁이를 반으로 자르면 두 마리가 된다고? • 188

그 밖의 속설과 잘못된 명칭들 • 190
잘못 발음하기 쉬운 이름들 • 198

*** 일러두기**
옮긴이 주는 대괄호 '〔 〕'로 처리했다.

Chapter 1

동물 기본 상식 바로잡기

무엇이 동물을 동물이게 만들까?
우리는 언제 처음 바다와… 지구 밖으로 나갔을까?

동물은 움직이고 숨 쉬고 머리가 달려 있어야 한다고?

"곤충은 정말 동물인가요?" 내가 자주 듣는 질문이다. 기어다니는 벌레는 동물과는 다른 종류라고 흔히 생각한다. 우리 포유류의 편견이 작동해서 그렇다. 우리는 대개 '동물'이라는 단어를 들으면 개, 고양이, 양, 말 등 털 많고 네발 달린 생물을 떠올린다. 개구리, 새, 뱀 그리고 그 밖의 비슷한 종도 동물이라고 말하겠지만, 어쩐지 동물 후보군쯤으로 본다. 어류는 흐리고 탁한 곳에 서식한다. 실제로도 그렇고 우리 머릿속에서도 그렇다. 깊이 생각해보면 우리 대부분은 어류가 동물이라는 것을 인정하겠지만, 다른 '하위' 범주에 넣고 싶은 유혹을 느낀다.*

심지어 곤충은 더 낯설게 느껴진다. 일단 곤충은 우리 인간과 닮은 구석이 하나도 없다. 버둥거리는 여섯 개의 다리, 더듬이, 겹눈, 애벌레 단계, 작은 몸 크기는 말할 것도 없다. 일상적으로 우리가 곤충을 동물로 보지 않는

* 어류는 사실 동물이 아니지 않나? 내가 이 책을 쓰는 동안 어류는 엄밀히 동물의 한 종류로 존재하지 않는다는 말을 덧붙여야겠다. 송어는 먹장어보다 염소와 더 가까운 종일 수도 있다. 우리는 물속에 사는 모든 생물을 한데 묶어 흔히 '어류'라고 부르지만, 유전적 차원에서 어류라는 말은 별 의미가 없다.

것도 당연하다. 하지만 아주 작은 진드기는 몸집이 큰 고래와 마찬가지로 동물계의 구성원이다. 실제로 곤충은 모든 동물종의 약 3분의 2를 차지한다. 우리 포유류야말로 특이한 종이다. 과학계에 알려진 150만 종의 동물 중에서 6만 9000종만이 등뼈가 있고 그중 5450종만이 포유류다. 짖거나 핥거나 네발로 뛰어다니는 '제대로 된 동물'은 알려진 동물계의 0.4퍼센트에 불과하며, 아직 알려지지 않은 종의 수를 어림잡아도 여전히 더 적은 수를 차지한다. 근사치로 따지면 포유류는 존재하지 않는 셈이다.

곤충과 그 친구들은 진짜 동물이다. 게다가 전체 동물계를 살펴보면 곤충은 가까운 사촌처럼 보이기 시작한다. 유충기에는 그 경계가 흐려지긴 하지만 적어도 성충기 곤충에게는 머리가 달려 있다. 해파리, 불가사리, 해삼 등 많은 익숙한 생물은 확실히 머리처럼 보이는 부위가 없다.

그 망을 좀 더 넓혀도 여전히 더 특이한 동물이 있다. 해면동물과 산호는 진귀한 형태의 식물처럼 보인다. 머리도 팔다리도 뇌도 없다. 심지어 몸의 대칭도 맞지 않는다. 우리는 본능적으로 해면동물과 산호를 확실히 비대칭적인 식물과 한데 묶는다. 하지만 해면동물과 산호는 둘 다 동물이다. 물론 대단히 특이한 동물이기는 하다. 해면동물을 고운 체에 거르면 몸을 구성하는 세포로 낱낱이 흩어진다. 이 세포들을 잠시 가만히 놔두면 다시 뭉쳐 원래의 해면동물로 돌아간다.

이끼벌레류는 더더욱 동물처럼 보이지 않는다. 많은 이끼벌레는 가지나 잎 모양으로 군집을 이루어 자라며 해초나 다른 종류의 식물로 자주 오인된다. 큰뿔표착해초*Flustra foliacea*는 북대서양 해변에서 주로 발견되는데, 생김새는 해초를 닮았고 심지어 레몬 향이 난다. 이 이끼벌레는 동물, 더 정확히는 동물 군집이다. 이끼벌레류는 대개 수천 개가 모여서 더 큰 몸집을 이루기 때문이다. 더 기이한 동물은 이리도고르기아 부채산호다. 심해에 사는 이 산호는 활짝 펼쳐진 용수철 장난감처럼 생겼으며, 바닥에 붙어 있지 않은 가장자리 부분은 오렌지색 엽상체로 뒤덮여 있다. 과학 저술가 캐스파 헨더슨은 제목도 절묘한 《상상하기 어려운 존재에 관한 책》에서 이 이끼벌레 군집을 수학의 원리에 비유한다.

이 모든 신비한 동물들에게는 어떤 공통점이 있을까? 어떤 점이 이 동물들을 확실한 동물이게 할까? 어떻게 하면 동물계에 속할 수 있을까? 다행히도 이 질문에 쉬운 답은 없다.

'동물'이라는 단어는 '생명의 숨을 쉬는'이라고 번역되는 라틴어 '아니말리스'animalis에서 왔다. 이 말을 듣고 모든 동물은 숨을 쉰다고 결론 낼 수도 있다. 대체로는 그렇다. 가장 작은 이끼벌레류부터 가장 힘센 코끼리까지, 살아 있는 동물은 산소를 들이마셔야 살 수 있다. 하지만 호흡은 동물의 조건을 설명하는 가장 적절한 정의는 아니다. 식물류와 곰팡이류도 산소를 필요로 하며, 많은 종류의 박테리아 역시 그렇기 때문이다.* 그렇다면 특이한 동갑동물의 경우를 살펴보자.

최근 발견된 이 동갑동물은 작은 해양 무척추 동물로 해저 퇴적층에 살며, 다 자란 몸 크기가 1밀리미터밖에 되지 않는다. 동갑동물의 종은 다양하며, 모두 꽃병처럼 생긴 피갑이라는 복부를 가지고 있는데 그곳에서 가시돌기라 알려진 가시가 수십 개씩 돋아난다. 그 모양은 마치 우묵한 그릇에 꽂

* 지구상에 넘쳐나는 생명체는 전통적으로 '역'과 '계'라는 고차원의 범주로 나뉜다. 가령 우리 인간은 진핵생물역 동물계에 속한다. 다른 계로는 세균계, 식물계, 균계, 고세균계, 유색생물계, 원생동물계 등이 있다. 이런 명칭은 일반인에게는 헷갈릴 수 있으며, 자주 변하기도 한다. 이 책은 동물에 대한 책이며 생명체 분류에 대해 우리가 알던 모든 사실이 틀린 것은 아니므로 일상적으로 쓰는 용어와 친근한 계통명을 사용하고자 한다.

힌 시든 꽃을 떠오르게 한다. 적어도 그리스 근처 지중해 해저 3킬로미터 지점에서 발견된 동갑동물 세 종은 확실히 기이한 특징을 보인다. 이들은 평생 산소 없이 살아간다. 2010년에 밝혀진 이 사실은 놀라움 그 자체였다. 여태껏 박테리아만 그렇다고 알려져 있었지만 이제 현미경 없이 육안으로 볼 수 있을 정도로 몸집이 크면서 숨을 쉬지 않는 동물을 발견한 것이다.

동물의 또 한 가지 흔한 특성은 '이동한다'는 것이다. 대부분의 식물과 균류, 일부 박테리아는 그곳이 어디든 처음 태어난 곳에서 죽을 때까지 살아간다. 그들은 외부의 힘이 방해할 때만 이동한다. 동물은 다리, 꼬리, 날개, 근육 그리고 오징어 같은 경우 추진력을 내는 깔때기를 가지고 있다. 우리는 자유롭게 움직이며 음식을 찾고 짝을 구하고 위험을 피한다. 하지만 앞으로 몇 문단만 돌아가면 반대되는 사례를 찾을 수 있다. 산호와 해면동물은 거의 움직이지 않는다. 따개비와 홍합은 많이 돌아다니지 않는다. 삿갓조개는 달라붙는 힘이 세기로 유명하지만, 그다지 활발히 돌아다니지는 않는다. 하지만 이처럼 몸을 많이 움직이지 않는 동물조차 미성숙기에는 이동한다. 그럴 수밖에 없는데, 그렇지 않으면 따개비가 어떻게 배의 선체에 달라붙겠는가? 그렇다면 모든 동물이 움직이지만, 일부 동물은 아주 천천히 움직이거나 일생에서 아주 짧은 시간만 움직인다고 말하는 게 제일 정확하겠다.

모든 동물의 공통된 한 가지 특징은 다세포 생물이라는 사실이다. 박테리아와 그 사촌들은 늘 단세포이며, 동물은 다세포로 이루어진 집단이다. 다세포 동물은 최근에 등장한 개념이다. 단세포 생물은 느릿느릿 행복하게 움직이며 약 30억 년을 살았다. 그리고 불과 6억만 년 전에 이러한 단세포 생물 일부가 합쳐지며 최초의 다세포 생물체로 탄생했다. 이 전위적인 생물체의 생김새가 어땠는지는 아무도 알지 못한다. 아득한 과거의 작고 부드러운 몸은 제대로 된 화석을 남기지 않기 때문이다. 하지만 단순한 해면동물이었을 가능성이 높다. 거기서부터 동물의 시대가 시작됐다.

오늘날 식물이나 균류를 제외하고 다세포로 이루어진 모든 종은 동물로 간주되지만, 단 하나의 세포만 가진 종은 결코 동물로 여겨지지 않는다. 하지만 이전에도 늘 그랬던 것은 아니다. 지금까지 약 5만 종이 확인된 원생동물은 오랫동안 분류학자들을 골치 아프게 한 생물체다. 이들 미생물은 단세포이지만 동물과 비슷한 매력적인 특징을 많이 지니고 있다. 이런 미생물의 세포는 동물의 세포와 마찬가지로 핵은 있지만 세포벽은 없다. 원생동물 역시 돌아다니고 음식을 먹는다. 심지어 원생동물이라는 이름도 '근원적 동물' 내지 '원시적 동물'을 뜻한다. 그래서 20세기 한참 지나서까지 원생동물로 분류되었다. 요즘은 거의 원생생물계Kingdom of Protista로 분류되는데, 원생동물을 뜻하는 단어 '프로토조아'Protozoa에서 동물을 가리키는 접미사 'zoa'가 탈락된 것을 알 수 있다.

자연계 곳곳에는 인간이 만들어 낸 인위적인 분류에 딱 들어맞지 않는 종이 있다. 우리는 박테리아처럼 보이는 동물, 그리고 동물로 통하는 단세포 생물을 본 적이 있다. 심지어 동물과 식물조차 항상 명쾌하게 구분하기는 힘들다. 식물의 중요한 특징 중 하나는 광합성을 할 수 있다는 점이다.* 식물 속에 있는 엽록소라는 작은 분자가 빛 에너지를 이용해 이산화탄소와 물을 포도당으로 합성해 준다. 식물은 자기가 먹을 음식을 직접 만들어 낸다.

어떤 동물도 엽록소에 해당하는 물질을 만들 수 없다. 하지만 한두 동물은 다른 식물의 엽록소를 훔치는 방법을 찾아냈다. 대표적인 예가 어떻게 봐도 잎사귀처럼 생긴 아름다운 푸른민달팽이다. 이 민달팽이는 해조류를 씹어 먹고 살아서 선명한 녹색을 띤다. 해조류의 광합성 세포는 왜 그런지 멀쩡하게 살아남아 민달팽이의 피부로 흘러 들어간다. 근사한 색을 입은 이 무척추동물은 이제 훔친 엽록소를 이용해 태양 에너지를 모을 수 있게 된다. 적어도 9개월간은 음식 없이 살아갈 수 있다. 연구자들은 푸른민달팽이가 어떻게 그럴 수 있는지 지금도 그 이유를 찾지 못했다. 엽록소 세포가 왜 소화관에서 파괴되지 않는지도 정확히 알 수 없다. 어떻게 푸른민달팽이가 해조류와는 상당히 다른 방식으로 엽록소를 몸속에 흡수하는지는 도저히 설명하기 힘든 수수께끼다. 연구자들에게는 안타까운 일이지만 빛 에너지로 살

* 일반적이거나 확정적이지는 않더라도 말이다. 수십 개의 식물종은 엽록소가 아예 없다. 난초와 백합을 포함한 이런 식물은 대신 기생충처럼 행동하며 곰팡이류에서 에너지를 얻는다.

아가는 푸른민달팽이는 이제 찾아보기 어렵다. 푸른민달팽이 역시 지구 온난화와 서식지 감소로 멸종 위기에 처한 수많은 해양 생물 중 하나이기 때문이다.

이제는 알게 됐다. 동물은 꼭 머리가 없어도 된다. 적어도 성체기에, 반드시 이동하지 않아도 되며 심지어 산소를 찾을 필요도 없다. 어떤 동물은 놀라울 정도로 식물처럼 생겼으며, 어떤 식물은 동물과 비슷한 모양을 하고 있다. 심지어 계통 전체가 단세포 동물처럼 행동하는 원생생물계도 있다. 이 책을 읽으며 알게 되겠지만 대개 인간에게서 시작된 오해는 구분하고 분류해야 한다. '동물'이라는 단순한 단어는 꿈틀대는 오징어보다 딱 잡아 정의하기가 어렵다.

동물은 교미를 해야만 번식할 수 있다?

식물의 가지를 잘라 흙에 꽂아 보라. 운이 좋으면 새로운 잎이 돋아나며 쑥쑥 자랄 것이다. 점심시간에 먹은 그레이비소스에 박테리아 하나를 남겨두면 저녁에는 200만 개로 늘어나 있을 것이다. 자연계에는 이 같은 무성 생식(암수 개체의 수정 없이 한 개체가 혼자 새로운 개체를 만드는 생식 방법)이 넘쳐난다. 대부분의 식물과 모든 단세포 생물, 즉, 거의 모든 지구상의 생명체는 짝짓기를 하지 않고도 후손을 만들 수 있다. 무성 생식을 하는 방법은 많지만, 무성 생식을 통해 태어나는 개체는 모두 부모와 거의 동일한 DNA를 가진다.

반대로 동물은 짝짓기를 좋아한다. 동물은 유성 생식(짝짓기를 통해 암수 개체가 수정해 새로운 개체를 만드는 생식 방법)을 한다. 동물 A와 동물 B의 유전 형질이 합쳐져 부모 중 어느 쪽과도 유전자가 다른 동물 C가 태어난다. 과학자들은 여전히 이 모든 것이 의미가 있는지를 두고 논쟁을 벌인다. 왜 굳이 교미할 짝을 찾을까? 왜 힘을 들여 난자와 정자를 결합할까? 각자 알아서 해결할 수는 없을까? 결국 수없이 많은 박테리아가 교미 없이 잘 살아간다. 우리는 지금 100조 개의 작은 박테리아 녀석들을 몸에 지니고 있고, 삶이 유전자를 전달하는 일이라면 박테리아는 그 일을 멋지게 해내고 있다.

유성 생식은 나름의 이점이 있다. 유성 생식은 '선택 압'의 무자비한 공격에 회복력을 가진 다양한 개체를 만들어 내며, 유성 생식을 하는 동물이 불필요한 돌연변이를 하지 않도록 해 준다. 하지만 반드시 유성 생식을 해야 할까? 동물이 짝을 찾지 않고도 박테리아처럼 기능하고 스스로 번식할 수 있지 않을까? 확실히 그렇다.

미생물의 세계에서 무성 생식은 한 가지 선택적인 생활 방식일 뿐 아니라 때로는 유일한 길이다. 민물에 사는 민달팽이처럼 생긴 미세 동물인 담륜충은 짝짓기를 하지 않는다. 수컷 담륜충은 지금껏 한 번도 관찰된 적이 없다. 이 동물은 철저히 무성 생식을 한다. 암컷 혼자서 단위 생식(암컷이 수컷과 짝짓기 하지 않고 새로운 개체를 만드는 생식 방법)이라는 과정을 통해 수정할 필요 없이 배아를 만들어 낸다. 수백만 년 전 담륜충은 암수 짝을 이루었다. 담륜충은 지금도 화학적 신호를 보내 이성을 유혹하지만, 아무도 그 신호를 받은 적은 없다. 그래서 담륜충은 자신들이 가진 자원에 의존할 수밖에 없다. 그 결과 번식을 할 때마다 딸들은 엄마와 똑같은 유전자를 가지고 태어난다. 담륜충의 모든 딸은 엄마와, 그리고 자기들끼리 유전자가 일치한다.

담륜충은 희귀종이다. 그들은 수백만 년 전에 성생활을 그만뒀고, 지금은 선택의 여지없이 홀로 번식을 한다. 하지만 다른 수많은 동물은 필요할 때면 잠깐씩 무성 생식을 통해 자기 복제를 한다. 곤충이 가장 흔히 무성 생식을 하는 집단이다. 몇 개 종만 살펴보면 각다귀, 대벌레, 말벌, 꿀벌은 특정 환경에서 단위 생식을 할 수 있다. 정원 일을 열심히 하는 사람이라면 진딧물이 식물을 얼마나 빨리 망치는지 잘 알 것이다. 진딧물처럼 작은 곤충은 무성 생식을 하는 덕에 그토록 빠르게 개체 수가 늘어나는 것이다. 엄마 진딧물은 20분에 한 번씩 딸 진딧물을 복제할 수 있고, 각 진딧물은 이미 몸속에 작은 증손녀를 품고 있다. 주로 봄에 이루어지는 이 재빠른 번식은 대단히 중요하다. 몸집이 더 큰 수많은 곤충이 새끼 진딧물을 잡아먹기 때문이다. 그렇기는 하지만 대부분의 종이 한 해의 후반으로 갈수록 유성 생식으로 전환한다.

"그렇다면 '제대로 된' 동물은 어떨까?" 우리 인간과 닮은 부분이 많은 몸집이 더 큰 동물에 대해 평소 갖고 있던 편견이 작동해 이렇게 질문할 수 있다. 더 큰 동물들 사이에서도 무성 생식은 드물지만 확실히 자리를 잡았다. 척추동물종의 약 0.1퍼센트는 단위 생식을 할 수 있다. 채찍꼬리도마뱀은 반박의 여지가 없는 챔피언이다. 담륜충처럼 채찍꼬리도마뱀도 수컷과 정자 없이 암컷 혼자서 자기 복제를 한다. 채찍꼬리도마뱀 역시 암컷만 있다.

2001년 네브라스카의 한 수족관에서 귀상어 한 마리가 태어났다. 교미 없이 이루어진 잉태였다. 물탱크에는 암컷 상어만 있었고, 이들은 수컷 상어는 구경도 못 한 채 3년간 수족관 탱크에서 살던 상어들이었다. 유전자 검사 결과 새끼 상어는 어른 상어 중 한 마리와 DNA가 일치했다. 귀상어가 수컷과 교배하지 않고 새끼를 낳은 것이다. 비슷한 일이 영국 동물원에 있는 성숙한 암컷 코모도왕도마뱀 두 마리에게도 일어났다. 두 도마뱀은 수컷 도마뱀을 한 번도 만난 적이 없음에도 새끼를 낳았다. DNA 분석 결과 이번에도 무성 생식으로 새끼를 낳은 것으로 밝혀졌다. 파충류의 독특한 유전적 특징 덕택에 갓 부화한 새끼는 모두 수컷이었다.

삶의 많은 일이 그렇듯 유성 생식과 무성 생식을 구분하기는 애매할 수 있다. 자연은 하나의 주제를 변주하는 것을 즐긴다. 무성 생식을 하는 많은 방식이 있으며, 심지어 유성 생식을 하는 방법은 더 많다. 때로 이 두 가지는 그리 동떨어져 있지 않다. 인간은 아직 혼자서 아이를 낳을 수 없지만, 무성생식의 세계에 잠깐씩 발을 담그기도 한다. 일란성 쌍둥이는 하나의 수정란이 두 개로 갈라져 두 명의 태아가 됐을 때 생긴다. 이 과정은 애초에 정자 없이는 불가능하겠지만, 그 이후의 분열은 일종의 복제라고 생각할 수도 있다.

다른 두 종끼리는 교배할 수 없다?

인간은 족제비의 새끼를 낳을 수 없다. 표범, 개코원숭이, 사향쥐도 마찬가지다. 눈치 챘을지 모르지만 우리 인간은 다른 종에 속해 있다. 우리는 다양한 유전자 섬에 살고 있다. 당연하게도 다른 두 종이 이종 교배를 하는 건 생물학적으로 불가능하다. 게다가 징그럽다.

실제로는 우리가 각기 다른 종이라고 생각하는 동물들끼리 때로 이종 교배를 한다. 사자와 호랑이는 가끔 이종 교배를 해 수컷이 사자인 경우에는 라이거, 수컷이 호랑이인 경우에는 타이곤이라고 불리는 잡종을 낳는다. 당나귀와 말은 노새를 낳을 수 있다. 양과 염소는 깁 또는 쇼트를 낳을 수 있다. 이런 예는 암소가 집에 돌아올 때까지 더 댈 수 있다. 이왕이면 야틀(야크와 소의 새끼)을 낳아 줄지도 모를 야크와 함께 돌아오면 좋겠지만.

대개 당나귀와 말 사이에서 태어난 새끼인 노새는 새끼를 낳을 수 없다. 다른 종 간의 유전자 결합은 후손을 낳기에는 지나치게 인위적이다. 하지만 늘 그렇지만도 않다. 때로 두 개의 다른 종끼리 교배해 낳은 새끼가 또 새끼를 낳기도 한다. 그 같은 이종 교배는 종의 정의를 의심하게 만든다.

더 흥미로운 사례 중 하나는 '피즐리 곰'이다. 아직 잘 모르겠는가? 피즐리는 그리즐리 곰(불곰의 일종)이 북극곰과 성공적으로 교배할 때 태어나는 잡종이다. 예상되듯이 새끼 곰은 갈색과 흰색 털을 포함해 두 부모 곰의 특징들을 섞어 놓은 듯한 생김새를 가졌다.

혼혈 곰인 피즐리가 감금 상태에서 처음 기록된 건 19세기지만, 첫 야생 피즐리 곰은 2006년에 처음 발견되었다. 그 이후 여덟 마리의 혼혈 곰에 대한 기록이 있다. 이 중 두 마리는 피즐리 어미에게서 태어났다. 이 두 마리는 2세대 피즐리 곰으로 북극곰과 그리즐리 곰이 교배하여 낳은 새끼가 번식 능력을 가진다는 사실을 증명한다.

흥미로운 일화에 그칠 뻔했던 이 사실은 곰의 운명을 바꿔놓을지도 모르겠다. 북극의 온도가 높아지면서 서식지가 줄어든 북극곰은 점점 남쪽으로 이동하고 그리즐리 곰은 더 북쪽에서 돌아다닌다. 두 곰은 더 자주 마주칠 것이다. 두 곰이 이종 교배를 하면서 피즐리 곰은 훨씬 더 늘어날지도 모른다.

흔히 '살인 벌' 혹은 '킬러 비'라고 알려진 아프리카화꿀벌Africanized honey bee은 가장 악명 높은 잡종 동물이다. 이 벌은 미주 열대 지역에서 흔히 발견되며, 현재 북쪽으로 이동하면서 미 대륙 전역으로 확산되고 있지만 1950년대 이전에는 존재하지 않았던 종이다. 대륙을 이동하는 이 곤충은 열대의 온도를 견딜 수 있는 효율적인 꿀벌을 만들려는 과정에서 서양꿀벌과 아프리카꿀벌을 교배해 생겨난 종이다. 하지만 계획대로 되지는 않았다. 이종 교배로 태어난 이 잡종 벌은 훨씬 공격적이었고 양쪽 부모 벌보다 다루기가 힘들었다. 아프리카화꿀벌은 위협을 인지하면 재빨리 공격하며, 벌집에서 수백 미터 거리까지는 공격할 태세를 갖추고 있다. 교배 실험 중에 아프리카꿀벌 종자가 달아난 이후 혼종인 아프리카화꿀벌이 자연스럽게 생겨났고 중남미 지역으로 퍼져나갔다.

공격적이라고 알려져 있긴 하지만 아프리카화꿀벌은 몸집이 크거나 독이 있는 해충은 아니다. 부모 벌보다 대체로 몸집이 더 작으며 침은 특별히 더 독하지도 않다. 야외에 있거나 무리 지어 있을 때는 인간을 공격하지 않으며, 벌집에 위협이 된다 싶을 때만 공격성을 보인다. 아프리카화꿀벌은 서양꿀벌보다 더 생명력이 강하고 더 쉽게 뭉치며 수도 더 많다. 매년 두어 명이 벌집을 잘못 건드렸다가 벌침을 수백 번 쏘이고 사망한다. 그렇다고 해도 아프리카화꿀벌은 상업적 꿀벌 생산을 위해 보존되고 있다. 이 잡종 벌은 언론의 집중포화를 받고 심지어 수많은 할리우드 이류 영화에도 등장했지만, 자주 소개되는 것과 달리 심한 피해를 입히지는 않았다. 실제로 살인 벌은 벌집 군집을 붕괴시키는 요인들을 더 잘 견디는 것처럼 보인다. 벌집 군집 붕괴 현상은 정확한 이유가 무엇인지는 밝혀지지 않았지만, 일벌들이 벌집을 떠난 뒤 돌아오지 않아 벌집에 남은 벌과 유충이 집단 폐사하는 현상을 말한다. 다른 종의 수가 빠르게 감소하는 지금, 더 생명력이 강한 아프리카화꿀벌이 뜻밖의 구원자로 날아들어 작물 수분에 힘을 보탤지도 모른다.

그러니까 동물은 가까운 사촌과 대개 이종 교배가 가능하다. 하지만 인간은 어떨까? 어느 정도 인위적인 유전자 조작 없이 '인간–침팬지' 또는 '인

간-고릴라' 잡종이 태어날 가능성은 없다. 도덕적 장벽을 넘는다 해도 우리 인간종이 다른 생물과 이종 교배를 하기에는 침팬지와 고릴라와는 너무 동떨어진 존재처럼 보인다. 하지만 과거에도 늘 그렇지는 않았다. 유전학 연구 결과에 따르면 우리 인류 조상은 확실히 별개의 두 인간종인 네안데르탈인과 데니소반인과 상당히 가까웠다. 현생 인류의 게놈의 DNA 4퍼센트는 네안데르탈인에게서, DNA 6퍼센트는 데니소반인에게서 왔다. 물론 이 두 인간종은 오래전에 멸종했지만, 작은 흔적은 여전히 우리 안에 계속 남아 있다.

복잡한 동물일수록 유전자 수가 더 많다고?

인간의 게놈*은 2003년에 배열 순서가 밝혀졌다. 과학계뿐만 아니라, 그야말로 인류 역사에서 중대한 사건 중 하나로 영원히 기억될 업적이었다. 이 거대한 작업을 마치는 데 13년이 걸렸고, 30억 달러가 들어갔지만 마침내 우리는 우리 몸이 어떻게 구성되었는지 볼 수 있는 유전자 지도를 갖게 됐다.

게놈의 서열이 밝혀진 것은 인간이 최초가 아니었다. 그보다 앞선 네 가지 동물이 있었다. 선충(1998), 초파리(2000), 모기(2002), 복어(2002)의 게놈 서열이 먼저 밝혀졌다. 네 동물의 게놈은 염기 서열 숫자로는 인간보다 훨씬 작다. 가령 선충의 게놈은 1억 개의 염기쌍(한 개의 염기쌍은 DNA 사다리에서 '한 개의 단'이라고 생각할 수 있다)을 가지고 있다. 인간은 32억 개의 염기쌍을 가지고 있다. 심지어 상대적으로 몸집이 큰 복어의 게놈은 자릿수가 인간보다 더 작은 3억

* '인간 게놈'이라는 말은 약간 오해의 소지가 있다. 우리는 각자 고유한 게놈을 가지고 있다. 일란성 쌍둥이의 게놈조차 약간 차이가 난다. 인간 유전체 프로젝트에서 배열 순서를 밝힌 DNA는 여러 사람에게서 얻은 것이다. 말하자면 합성 게놈이다. 이 게놈은 인간의 유전자 물질이 어떤 식으로 결합되어 있는지 잘 보여 주지만, 정확한 배열 순서는 진짜 사람의 유전자 배열 순서와는 다르다. 전 세계의 다양한 프로젝트에서 인간 게놈 수천 개의 배열 순서를 알아내고 있으며, 따라서 고리로 이루어진 우리의 분자 구조 안에 얼마나 많은 변이가 숨어 있는지 알 수 있다.

9000만 개의 염기쌍을 가지고 있다.

그 수는 인간이 동물계의 나머지 다른 동물들보다 우월하다는 생각을 제대로 뒷받침한다. 인간의 복잡한 뇌와 비상한 손재주, 다재다능한 성대에는 분명 두툼한 사용 설명서가 필요하다. 그리고 우리 인간은 수많은 동물들과 한데 묶일 수 있는 DNA를 가지고 있다.

하지만 그 사실은 인간에게 필요한 사례만 뽑아서 제멋대로 잣대를 정할 때만 유효하다. 실제로 우리 인간이 '열등하다'고 보는 많은 동물은 더 긴 사용 설명서를 가지고 있다. 전체 태반 포유류 중에서 인간은 중간 어디쯤 속하며 우리의 가까운 사촌지간인 침팬지에게 근소한 차로 뒤진다. 수많은 어류와 양서류, 심지어 식물은 더 큰 게놈을 갖고 있다. 표범폐어는 동물 중에서는 가장 많은 1300억 개의 염기쌍을 가지고 있다. 파리스 자포니카Paris japonica라는 식물종은 1500억 개의 염기쌍을 가지고 있어 알려진 게놈 중 가장 크며, 인간 게놈보다 40배 이상 크다.

게놈의 크기는 동물의 복잡성과는 거의 관련이 없다. 하지만 염기쌍이라는 절대적인 수가 아닌 다른 기준을 적용하면 어떨까? 우리가 또 하나 비교할 수 있는 건 염색체 숫자다. 염색체는 DNA 분자 하나를 단백질 실패에 단단히 감을 때 얻는 것이다. 동물의 염색체는 대개 십자형이며 쌍으로 존재한다. 인간은 대개 23쌍*, 총 46개의 염색체를 가지고 있다.

역시 염색체 수와 해당 생물의 복잡성 사이 연관성은 거의 없다. 새우처

* 자세히 설명하자면 위에 언급한 염기쌍의 수는 염색체 한 쌍의 전체 개수다. 따라서 가령 인간의 전체 염색체는 32억 개의 염기쌍을 포함하고 있겠지만, 염색체는 주로 쌍으로 이루어지므로 대부분의 세포 속 DNA는 64억 개의 염기로 구성된다. 그리고 실제로는 숫자에 포함되지 않는 미토콘드리아 DNA 덕분에 약간 더 많을 것이다. 유전학은 흥미롭지만 쉽게 설명하기란 정말 어렵다.

럼 생긴 해양 갑각류 파르히알레 하와이엔시스Parhyale hawaiensis의 염색체 수는 인간과 같은 46개다. 파르히알레 하와이엔시스는 뇌가 아주 작아서 국제 무역 협상을 진행하거나 3부 합창곡을 작곡하거나 우주 프로그램을 실행할 수 없다. 하지만 파르히알레 하와이엔시스의 유전자 도구 상자는 우리 인간과 상당히 비슷하다. 여러 유럽 국가로 퍼져나간 중국의 작은 사슴종인 아기사슴Reeve's muntjac 역시 염색체가 46개인 '46 클럽'의 일원이다. 아기사슴은 인도문착Indian muntjac과 생김새는 비슷하지만, 인도문착은 여섯 개(암컷) 또는 일곱 개(수컷)의 염색체만 가지고 있다. 아틀라스푸른부전나비Atlas blue butterfly의 염색체 수는 452개다. 확실히 우리 인간종은 DNA 가닥 기록에서는 특별할 것이 없다.

더 유용한 방법은 어느 생물 속 유전자의 숫자를 살펴보는 것이다. 한 개의 유전자는 한 종류의 단백질을 구성할 때 설명서 역할을 하는 한 개의 짧은 DNA 조각이다. 우리는 더 많은 유전자를 가진 생물이 더 많은 종류의 단백질을 가지고 있으며 따라서 몸 구조와 행동이 더 복잡하다고 생각할지도 모른다. 정말 그럴까?

전혀 그렇지 않다. 게놈이 인간보다 32배나 작은 선충을 기억하는가? 선충은 약 1만 9000개의 유전자를 가지고 있다. 인간 게놈 프로젝트와 후속 연구에서는 인간의 유전자 수를 선충과 거의 비슷하다고 봤다. 쥐는 2만 3000개의 유전자를 가지고 있다. 누군가는 무려 3만 1000개로 유전자 수가 가장 많은 동물이 미생물에 가까운 물벼룩(실제로는 갑각류 동물이다)이라는 사실을 우주적 농담이라고 생각할 수도 있다. 미생물은 동물보다 유전자 수가 훨씬 적은 편이지만 늘 그렇지는 않다. 성병의 일종인 질편모충염을 일으키는 기생충인 질편모충은 6만 개, 반복되는 유전자를 포함하면 9만 8000개의 유전자를 가지고 있다. 질편모충은 우리가 말하는 단세포 생물이며, 인간보다 유전자 수가 5배 더 많다.

왜 그럴까? 왜 당근은 알베르트 아인슈타인보다 유전자 수가 많을까? 그 답은 여전히 밝혀지지 않았다. 아마도 일부 종이 다른 종보다 게놈 복제를 더 잘하기 때문일지도 모른다. 채소, 선충, 물벼룩은 되는대로 번식하며 자가 복제를 하다가 아무 쓸모없이 같은 서열이 반복되는 DNA 조각을 포함했을지도 모른다. 수천 년간 물벼룩의 게놈은 불필요한 DNA 서열로 비대해졌다. 또는 인간을 포함한 '고등 동물'은 투자 대비 더 큰 이득을 얻는지도 모른다. 각 유전자가 분자 생물학이라는 복잡한 수법을 통해 한 종류 이상의 단백질을 만들어 내기 때문이다. 분명 그 이유는 다양하고 미묘할 것이다. 다음에 표범폐어나 물벼룩을 마주치면 절대 2등 시민처럼 여기지 말길 바란다.

바다 밖으로 나온 최초의 동물이 어류라고?

'물 밖에 난 고기'가 된 기분을 느껴 본 적이 있는가? 이 유명한 속담은 안전지대에서 벗어나거나 준비되지 않은 상황에 처한 사람을 가리킬 때 사용된다. 하지만 툭 튀어나온 눈과 반들거리는 피부가 특징인 괴상한 생김새의 물고기 말뚝망둥어에게는 해당하지 않는 말이다. 어떻게 보면 개구리처럼 생긴 말뚝망둥어는 분명 어류다. 하지만 평생의 4분의 3을 물 밖에서 생활한다. 다리처럼 생긴 앞 지느러미로 갯벌을 기어다니며 산다. 심지어 나무에 올라가기도 한다.

말뚝망둥어와 비슷한 생물은 우리 인간도 포함해서 네발 달린 척추동물 또는 사지동물의 조상이었다고 한다. 약 3억 7500만 년 전 유독 모험심이 강한 수생 동물 하나가 잠깐 동안 기어서 뭍으로 가는 방법을 터득했다. 아마도 먹이를 찾아 나왔을 것이다. 그 동물의 후손은 점점 물 밖에서 더 많은 시간을 보냈다. 점차 아가미가 사라지고 폐가 발달하며 최초의 양서류 동물이 등장했고, 그 후로 파충류, 조류, 포유류가 생겨났다.

2004년 그러한 생물의 잘 보존된 화석이 최초로 발굴되었다. 소위 '틱타알릭'tiktaalik 물고기는 현재 북극 지역의 따뜻하고 얕은 물에 서식했다. 아마도 잎사귀 모양의 지느러미로 몸을 움직여 물 밖 육지로 나간 뒤 다시 바닷속으로 헤엄쳐 들어왔을 것이다. 틱타알릭은 어류지만 단단한 갈비뼈, 폐의 흔적, 목의 발달과 함께 후기 사지동물의 특징을 많이 가지고 있다. 중간 단계의 종이다. 시조새가 파충류와 조류 중간 단계의 종인 것처럼 말이다. 틱타알릭이 오늘날 현존하는 어떤 종의 직계 조상인지는 알 수 없다. 사지동물로 이어지는 동물계통의 자손일 확률이 높으며, 따라서 틱타알릭을 바다와 육지 사이 '빠진 연결고리'라고 부르기는 힘들다. 하지만 틱타알릭 화석은 어쩌면 수생 어류와 육상 동물간 다리 역할을 해 온 생물종을 제대로 들여다볼 수 있게 해 준다.

이제 이번 편의 중대한 오해로 돌아가 보자. 틱타알릭과 그 사촌들은 자주 이야기되는 것과는 달리 결코 물 밖으로 나온 최초의 동물이 아니다. 이미 육지에는 생명체가 와글대며 살고 있었다. 종종걸음을 놓으며 달아나는 절지동물종의 흔적으로 추정되는 가장 초기의 단서들은 5억 3000만 년 전으로 거슬러 올라간다. 지네를 닮은 바닷가재 크기의 생명체는 틱타알릭보다 1억 5500만 년 더 빨리 육지에 진출했다. 공룡이 멸종한 뒤 지난 시간보다 두 배 더 긴 시간이다. 절지동물은 가장 먼저 먼지투성이의 황폐한 땅을 발견했다. 그러다가 우연히 조류가 군데군데 자라는 땅을 건너갔을 수도 있지만, 진짜 식물은 아직 등장하기 전이었다.

그 후 초기의 곤충을 포함해 무수히 많은 생명체가 육지에서 번성했다. 이 기어다니는 물고기가 처음 물 밖으로 펄떡이며 나왔을 때는 육지로 나온 다른 생명체가 이미 많았다.

지구 밖으로 처음 나간 동물은 개다?

"방금 내 페이스북에 최초로 우주 여행을 한 개 사진을 올렸어."

"라이카?"

"몇몇 사람들이 사진을 공유했어. 그런데 대부분은 슬픈 표정 이모티콘을 남기며 라이카의 비극적인 운명에 애도를 표하더라."

불쌍한 라이카. 스푸트니크 2호에 실려 우주로 간 이 개는 1957년 11월 지구 궤도를 돈 최초의 동물이 되었다. 5시간 뒤 라이카는 또 다른 기록을 세웠다. 우주 궤도에서 사망한 최초의 동물이 된 것이다. 우주 비행 조종실이 과열됐다. 그렇지 않았더라도 오래 버티지는 못했을 것이다. 우주선이 발사된 시기는 내구성 강한 열 차폐 장치가 개발되기 전이었기 때문이다. 라이카는 집으로 돌아올 방법이 없었다. 라이카가 먹는 음식에 독약을 타 고통을 줄여 주고자 했지만 라이카는 독약을 먹기 전에 사망했다.

이 개척자 개는 우주 비행의 아이콘이 되어 우표, 담뱃갑, 포스터에 등장했다. 라이카는 유리 가가린 우주 비행사 훈련 센터가 있는 스타시티 러시아에 세워진 기념비와 위에서 농담처럼 주고받은 끔찍한 대화의 주인공이다. 나는 라이카가 대단히 자랑스럽다. 하지만 라이카가 정말 우주에 간 최초의 동물이었을까? 아니다. 결코 그렇지 않다. 심지어 우주에 간 최초의 개도 아니었다.

문제는 '우주'냐 '지구 궤도'냐의 차이이다. 우주에 발을 내딛는 것은 상대적으로 쉽다. 지구와 우주의 경계까지 갈 수 있는 로켓만 있으면 된다. 이 경계는 대개 상공 80.5킬로미터 또는 100킬로미터로 정의된다. 나치 독일에서 개발한 V2 로켓은 1942년 이 경계를 지날 수 있었다. 그들은 수백 번 로켓을 우주로 쏘아 올렸지만, 바로 땅으로 추락하며 엄청난 피해를 냈다. 우주에 도착해 머무는 데(궤도에 진입하는 등)는 훨씬 더 많은 연료가 든다. 그 시도는 1957년 스푸트니크를 발사하면서야 가능해졌다. 라이카가 우주 비행에 나서기 한 달 전이었다.

최초의 V2를 발사하고 스푸트니크호를 발사하기까지 15년 동안 동물 수백 마리가 우주로 보내졌다. 지구 밖으로 나간 최초의 생명체는 초파리였다. 1947년 2월 20일, 독일 로켓을 뉴멕시코 화이트샌드 기지에서 우주로 발사했다. 초파리 비행사들은 무사히 지구로 귀환하며 역대 어떤 생명체보다 상당히 더 높은 곳까지 비행했다. 2년 뒤 미국인들은 최초로 영장류를 우주로 보냈다. 붉은털원숭이 알버트 2세는 드넓은 우주에 도착했지만, 낙하산이 고장 나는 바람에 죽음을 맞았다.

다른 동물들이 라이카보다 앞서 우주 비행을 경험했다. 1950년에는 최초로 쥐가 미국에서 발사한 로켓을 타고 우주로 갔다. 지구로 재진입하면서 죽었는지 간발의 차로 살았는지는 저마다 말이 다르다. 1951년 옛 소련 연방에서 최초로 치간과 데지크라는 개 두 마리를 우주로 보냈다. 개들은 짧은 우주 비행 후 무사히 돌아왔다. 라이카보다 약 6년 먼저 우주 비행에 나섰지만, 이 개들의 이름을 기억하는 사람은 많지 않다. 이후로 다른 많은 동물이 우주 비행이라는 첫 경험을 했다. 생각해 보면 이 모든 첫 비행은 그 자체로 놀라운 사건이다. 이 땅에 존재한 지 수백만 년 만에 처음으로 특정 종이 고향을 떠난 기록이기 때문이다. 분명히 말해 두지만 아래는 영장류, 소형 동물, 조류, 곤충으로 이루어진 미완성 목록이다.

1958년: 다람쥐원숭이

1960년: 쥐, 토끼

1961년: 개구리, 기니피그, 침팬지

1962년: 고양이

1966년: 말벌

1968년: 거북, 갈색거저리, 초파리

1973년: 은연어, 거미, 밀가루갑충

1979년: 메추라기

1985년: 영원, 구피

1987년: 메뚜기, 도롱뇽

1989년: 닭 (배아)

1991년: 해파리

2003년: 꿀벌, 개미

2006년: 바퀴벌레

2007년: 전갈

2013년: 게르빌루스쥐, 도마뱀붙이

지구로 돌아오기 전에 또 한 가지 가정을 뒤집을 수 있다. 어떤 동물도 진공 상태의 우주에서 1~2분 이상 살아남을 수 없다고 가정하는 것은 어쩌면 당연하다. 산소 부족은 그렇다 치고 강렬한 태양 광선과 엄청난 일교차는 생명을 위협한다.

하지만 한 동물은 이 불가능한 환경에서 최소 열흘을 살 수 있다. 흔히 '물곰water bear'이라고 알려진 완보동물은 지구상 또 지구 밖에서 가장 생존력이 강한 동물이다. 이 짧고 오동통한 생명체는 몸길이가 0.5밀리미터에 불과해 거의 눈에 보이지 않지만, 우리가 어떤 충격을 가하든 살아남는다. 이 완보동물은 끓이거나 얼리거나 진공 상태에 두거나 수천 배 높은 기압에 두면 아무 일도 없었던 것처럼 되살아난다. 방사선을 쏘거나 몸 안의 수분을 모조리 빨아들여도 죽지 않는다. 완보동물은 지구상에서 일어난 다섯 번의 대멸종에서 모두 살아남은 몇 안 되는 생물 집단 중 하나다. 심지어 우주선 바깥에 물곰을 묶어 보낼 수도 있다. 2007년에 유럽우주국이 무인위성 포톤-M3에 물곰을 실어 보내며 이 사실을 증명했다. 물곰 몇 마리는 10일간 강렬한 태양광과 우주의 극심한 온도 차에 노출되고도 살아남았다.

물곰이 우주의 험난한 환경을 견디는 능력은 다소 터무니없기는 했지만 〈스타트렉: 디스커버리〉라는 TV 드라마에서 그려졌다. 드라마 속 물곰처럼 생긴 생명체는 '균사체의 통로'를 이용해 우주의 모든 공간으로 순식간에 옮겨 다닌다. 디스커버리호는 '균사체'에 올라타 통로를 따라 함께 이동한다. 걱정하지 마라. 그 드라마를 봤더라도 말은 안 되니까.

우리가 완벽한 동물 목록을 가지고 있다고?

출처 표시가 없는 위키피디아 기록에 따르면 현존하는 동물은 약 150만 종이 '확인'되었다. 즉 과학자들이 연구를 거쳐 이 동물들에 대한 자세한 내용을 공식적으로 기록하며 동료들을 기쁘게 했다는 의미다. 150만 종은 많은 숫자다. 우리 대부분은 동물 150종의 이름을 대지도 못한다. 그렇다고 해도 우리가 동물 목록 작성을 제대로 시작하지도 못했다고 추측할 만한 타당한 이유가 있다.

우리 인간종부터 시작해 보자. 지금쯤 포유류 목록은 누워 있는 나무늘보만큼이나 잘 자리 잡았을 것이라고 생각할지도 모르겠다. 포유류는 비교적 몸집이 크고 수명이 긴 동물이며, 포유류의 생활은 수백 년 동안 인간의 관찰을 통해 잘 기록되어 있다. 하지만 매년 새로운 동물이 추가된다. 2000년 이후 영장류만 해도 최소 25종이 과학계에 알려졌다.* 새로운 박쥐 30종, 설

* 그중 골든팰리스원숭이(마디디티티)는 온라인 카지노에서 이름을 따왔는데, 그 카지노는 65만 달러를 주고 원숭이 작명권을 낙찰 받았다. 부끄러운 자본주의의 민낯에 소파 위에 토할까 봐 말해 두는데, 그나마 그 돈은 서식지 보호에 쓰였다.

치류와 비슷한 동물 1종, 고래 3종, 고양이 2종, 토끼 3종(또는 4종), 유대목 동물 5종 등이 추가되었으며, 생물의 목록은 끝이 없음을 알 수 있다.

위 목록에는 포유류만 포함되어 있다. 다른 종류의 생물은 쉴 새 없이 등장한다. 2016년 세계자연기금WWF이 메콩강 유역을 조사한 결과 과학계에 알려져 있지 않던 생물 27종이 발견되었다. 여기에는 어류 2종, 포유류 3종, 양서류 11종, 파충류 11종이 포함되어 있다. 그 다음 해 세계자연기금은 아마존강을 조사해 알려지지 않았던 동물 165종, 그보다 더 많은 식물종을 찾아냈다. 아직 곤충 이야기는 꺼내지도 않았다. 이전에 알려지지 않았던 동물종이 컴퓨터 배경 화면으로 수시로 뜨는 곤충만큼이나 자주 곤충학자의 레이더망에 걸려들었다. 1980년에 진행된 연구를 예로 들어 보자. 파나마 숲의 나무 19그루를 조사한 결과 딱정벌레 1200종이 나왔고, 그중 80퍼센트는 학계에 알려지지 않은 종이었다. 틀림없이 수백만 개의 종이 더 발견될 것이다.

모든 숫자를 더해 보면 약 1만 5000개의 '새로운' 생명체가 매년 등록된다. 그 숫자는 확정하기 살짝 이른 감이 있다. 그 숫자에는 이미 알려져 있었지만 재분류된 동물, 그리고 새로운 동물처럼 보였지만 알고 보니 이미 목록에 있던 동물을 포함한다. 하지만 숫자가 얼마든 자연은 여전히 인간의 눈에 띄지 않은 엄청나게 많은 동물을 품고 있음이 틀림없다.

생각해 보면 놀랄 일도 아니다. 지표면의 많은 부분은 여전히 과학 조사가 거의 이루어지지 않았다. 제일 대표적인 곳이 열대 우림 지역이지만, 산기슭, 사막, 극지방도 마찬가지다. 심지어 지금 어떤 생명체가 아무도 가 보지 않은 세계의 동굴 내부를 헤엄쳐 다니거나 뛰어다닐지 누가 알겠는가? 어떤 곤충이 아마존 나무 꼭대기의 우거진 나뭇잎 사이나 뿌리에 살고 있을지 어떻게 아는가? 우리는 해안에서 멀리 떨어진 곳에 사는 해양 동물에 대해서는 거의 아는 바가 없으며, 몇몇 잠수정만이 해저를 탐험했다. 수많은 기생충, 곤충, 벌레, 기타 미생물은 여전히 우리가 발견해 주길 기다리고 있을 것이다. 우리가 균계, 식물계, 특히 세균계까지 포함했다면 확인되지 않은 종의 수는 수십억에 달할 수 있으며, 심지어 알려진 종의 총합을 뛰어넘을 수도 있다.

안타깝게도 서식지 파괴와 환경 악화는 우리가 찾아내기도 전에 여러 종을 멸종시키고 있다. 인간의 문명 탓에 온갖 종이 멸종한다는 사실만으로도 충분히 우울한데, 멸종 목록은 우리 대부분이 아는 것보다 더 길다. 세계자연기금의 추산에 따르면 1만~10만 종이 매년 멸종된다. 이렇게 말하면 아침 시리얼을 먹다 사레들릴지도 모르지만 매일 27~274종이 세상에서 사라지고 있다. 다음에 아침으로 시리얼을 먹을 때는 이름을 아는 모든 동물의 목록을 적어 보라. 우리가 자는 동안 우리가 적은 목록과 비슷한 수의 생물이 영원히 사라졌을 수도 있다.

사람이 먼저 발명한 게 아니야!

벌거벗은 원숭이, 즉 인간은 대개 다른 동물들과 동떨어진 존재로 취급된다. 우리 인간만이 도구를 만들고, 건축물을 짓고, 환경을 바꿀 수 있다고? 웃기는 소리다. 동물계는 우리보다 앞서 인간에 맞먹는 수많은 혁신의 사례를 남겼다.

농업: 인간이 본격적으로 농업을 시작한 건 불과 1만 2000년 전이다. 그전에는 수렵채집 생활을 했다. 정착 생활이 시작되자 최초의 도시와 문명이 발달했다. 인간의 삶이 완전히 달라진 것이다. 하지만 군집 생활을 하는 곤충이 우리 인간보다 수백만 년 앞서 농사를 짓기 시작했다. 잎꾼개미는 나뭇잎을 자르는 데 쓰는 가위처럼 날카로운 턱 때문에 가위개미라고도 불린다. 이 개미는 그렇게 자른 나뭇잎을 먹지 않는다. 대신 잎을 개미굴로 옮겨 잘게 씹은 뒤 버섯 종균 위에 붙인다.

버섯 종균은 잎 속의 화학 물질을 흡수하고 단백질과 당으로 부풀어 오른다. 개미들은 이것을 먹이로 섭취하고 침략자들로부터 이 수확물을 지킨다. 개미들은 심지어 살충제 같은 물질을 이용하기도 한다. 이 정원에서 일하는 개미들은 하얀 박테리아 가루로 덮여 있다. 박테리아는 항생물질을 분비해 개미굴에 들어오는 곰팡이를 제거한다. 수백 종의 개미와 몇 종의 흰개미는 일종의 농업 활동을 한다.

마취약: 인간은 19세기 중반에 최초로 효과적인 마취약을 개발했다. 대모벌은 약 300만 년 전에 마취약을 개발했다. 대모벌과는 5000종가량 있으며, 대모벌과에 속하는 모든 벌은 침으로 거미를 마비시킬 수 있다. 타란툴라호크말벌 tarantula hawk wasp은 이름에 걸맞게 매 hawk는 아니더라도 타란툴라 거미를 사냥하며 살아간다. 다리가 여덟 개 달린 희생자 타란툴라는 말벌의 집에 끌려 들어가 말벌이 낳는 알을 몸에 뒤집어쓴다.
갓 태어난 애벌레가 타란툴라의 몸을 뚫고 들어오고, 타란툴라는 몸이 마비된 상태에서 산 채로 먹힌다. 인간은 이 말벌에 쏘여도 몸이 마비되지 않는다. 대신 그 통증이 상상 이상이라고 한다.

잠수종: 19세기 후반 가압 잠수정이 만들어지기 전까지 해저로 내려갈 수 있는 방법은 직접 잠수를 하거나 잠수종을 이용하거나 둘 중 하나였다. 잠수종, 즉 위아래를 뒤집은 뒤 공기를 가득 채운 거대한 통은 사고를 일으키기 쉬웠지만, 고대부터 사용되었다. 절지동물에 속하는 어느 거미는 이와 비슷한 전략으로 거의 평생을 물속에서 살아간다. 이름도 절묘한 다이빙벨거미 diving bell spider, 우리말 이름으로 물거미는 우선 물 아래에서 비단 같은 공기 방울을 만든다. 그런 뒤 다시 수면으로 돌아가 배 부위의 털 안에 공기를 가둔다. 거미는 물속으로 들어가 가져온 공기를 공기 방울 안에 채운다. 수면과 물속을 몇 번 오가며 완성한 이 물속 집은 공기로 가득 차 거미가 며칠간 살 수 있다.

드럼: 많은 새는 노래한다고 알려져 있지만, 어떤 새는 막대기를 두드리며 소리를 낸다고 한다. 북부 호주에 서식하는 야자잎검은유황앵무새는 인간을 제외하고 악기를 만들고 사용한다고 알려진 유일한 종이다. 수컷 앵무새는 짝짓기를 위해 특별히 준비한 잔가지를 두드리며 리듬을 만들어 낸다. 심지어 침팬지도 도구를 이런 식으로 사용하지는 않는다.

불: 불도마뱀이라고 흔히 알려진 도롱뇽은 아주 옛날부터 불과 관련이 있었다. 오래전부터 사람들은 양서류가 어떤 종류의 열도 견딜 수 있으며, 심지어 불을 먹기도 한다고 믿었다. 도롱뇽에 대한 이 잘못된 믿음은 플리니우스, 라시, 성 아우구스티누스, 파라켈수스, 심지어 레오나르도 다빈치까지 많은 위대한 사상가들이 믿었고, 사실처럼 굳어졌다. 그 믿음은 아마도 도롱뇽이 당시 장작용으로 사용하던 통나무 아래에서 겨울잠을 자는 습성에서 비롯됐을 것이다. 하지만 자신에게 유리하게 불을 사용하는 것처럼 보이는 동물이 하나 있는데, '불새'라고도 부르는 호주의 솔개다. 이 새는 산불 주변에서 불길을 피해 달아나는 작은 동물과 곤충을 사냥하는 모습이 자주 목격된다. 호주의 민담에는 솔개가 불붙은 나무 막대기를 불이 붙지 않은 풀밭으로 가져간 뒤 새로운 불을 일으켜 더 많은 먹잇감을 몰아내는 방법을 터득했음을 보여 주는 이야기가 있다. 이 행동을 과학적으로 설명하기는 힘들었지만, 최근 영상을 보면 솔개가 인간이 던진 불붙은 가지를 집는 장면이 나온다. 솔개는 인간 외에 불을 활용할 수 있는 유일한 동물이라고 볼 수 있다.

종이: 물론 인간 외 다른 어떤 동물도 문자를 만들지는 않았지만, 한 생물체는 문자의 원료를 만들 수 있다. 약 300종이 존재하는 쌍살벌paper wasp은 죽은 나무와 침으로 집을 짓는다. 침 섞인 나무가 마르면 이 책의 원료인 종이와 아주 흡사한 물질이 된다. [내 자신에게 남기는 메모: 기발한 어린이책 소재다. 모든 동물을 대표해 먹물을 분비하는 오징어와 깃을 만들어 내는 새와 팀을 이루어 인간에게 '지구 그만 좀 죽여요'라고 간청하는 글을 남기는 것이다.]

바느질: 바느질의 기원이 정확히 언제인지는 알기 힘들다. 구석기 시대 옷장에 걸려 있던 동물 가죽은 그 가죽을 꿰어 옷으로 만들었던 초기의 바늘땀과 함께 오래전에 삭아 없어졌다. 가장 오래된 시베리아산 바늘은 약 5만 년 전에 등장했다고 한다(흥미롭게도 지금의 현생 인류가 아니라 멸종한 고대 인류 데니소반인이 만들었다). 아시아 전역에서 발견되는 재봉새tailorbird는 틀림없이 수천 년 앞서 바느질을 시작했다. 노래도 잘 부르는 회백색 재봉새는 부리로 잎에 구멍을 낸 뒤 식물 섬유나 거미줄로 구멍을 바느질해 아기 새 둥지를 만든다. 그렇게 만든 바늘땀은 마치 사람

이 한 듯 놀랍도록 정교하다. 아프리카의 베짜는새weaver bird는 더하다. 이름에서 알 수 있듯 베짜는새는 식물 섬유를 이용해 정교한 둥지를 짠다. 집단생활을 하는 베짜는새 종 하나는 아파트 건물 같은 새 둥지를 만든다. 이 공동 둥지에는 많은 무단 거주자들과 함께 100쌍 이상의 새가 살 수 있다. 이렇게 짠 둥지는 수십 년 동안 쓸 수 있다. 베짜기개미weaver ant 역시 비슷한 방법을 쓰는데, 누에의 실로 바느질해 상당한 크기의 나뭇잎 둥지를 완성한다.

수중 음파 탐지기 : 물체 근처에 음파를 발신한 후 돌아오는 반사파를 수신해 물체의 존재와 거리에 대한 정보를 얻는 수중 음파 탐지기는 20세기의 발명품이다. 실제로 인간은 이 기술을 개발한 뒤에야 박쥐와 돌고래를 포함한 여러 동물이 수백만 년 동안 이런 행동을 해 왔다는 것을 알게 됐다.

전쟁 : 개미에서 시작해 개미로 끝난다. 이 다재다능한 개미 집단은 계급이 나누어진 개미굴, 농업, 직조술 등 문명의 모든 요소를 갖추고 있다. 모든 문명이 그렇듯 개미 집단 역시 어두운 이면이 있다. 바로 전쟁이다. 일부 개미종은 근처에 있는 모든 집단을 공격한다. 같은 종이든 다른 종이든 관계없이. 전사 개미는 물거나 화학전을 쓰는 등 온갖 방법을 총동원해 적을 죽인다. 일부 전투는 대규모로 이루어진다. 열대 지방의 가위개미가 군대개미를 만나면 사상자는 수백만 마리로 늘어날 수 있으며, 전투는 수일간 이어지기도 한다. 누군가 현자인 척하며 인간은 같은 종족을 죽이는 유일한 동물이라고 말한다면 잘못 알고 하는 소리다.

Chapter 2

포유류에 관한 오해와 진실

오해받고 있는 우리 사촌들을 만나 보자.
자살을 하지 않는 레밍부터 멀리까지 볼 수 있는 박쥐,
혹 안에 물을 저장하고 있지 않은 낙타까지.

모든 포유류는 온혈 동물이다?

당신은 열을 발산하고 있다. 당신은 지금 방 안에서 가장 뜨거운 존재다. 이건 칭찬이 아니다. 우리 모두가 가진 특징이다. 인간은 체온을 섭씨 37도 정도로 일정하게 유지한다. 우리가 편안하게 느끼는 실내 온도인 섭씨 18~23도보다 상당히 더 높다. 이 책을 에어컨이 없는 열대 지방에서 읽고 있지 않는 한 우리 몸은 주변 온도보다 더 높을 것이다. 만지면 따뜻한 상태이며, 쉽게 말해 주변에 열을 빼앗기고 있다.

인간과 다른 포유동물을 환경에 관계없이 체온을 일정하게 유지하는 온혈 동물이라고 이야기한다. 우리는 생리 작용에 필요한 음식을 먹음으로써 열을 내거나, 땀을 흘리거나 숨을 헐떡이거나 그저 열을 발산함으로써 열을 잃을 수 있다. 우리의 심부 체온은 우리가 강물 속에서 발을 달랑거리거나 마라톤을 뛰거나 머리를 냉장고 속에 박고 있을 때나 똑같이 유지된다.

반대로 변온 동물이라고도 하는 냉혈 동물은 체내 조절 기능이 없다. 냉혈 동물의 체온은 환경에 따라 변한다. 개념적으로는 포유류와 조류를 제외한 모든 동물은 다른 장소로 이동해야 체온을 올리거나 내릴 수 있다. 더 깊은 물속으로 뛰어들거나 햇볕을 쬐는 식으로 말이다.

이런 표현을 쓸 때 주의하라. 오해의 소지가 있기 때문이다. 온종일 햇볕 아래에서 빈둥대는 소위 '냉혈' 동물은 '온혈' 동물보다 열을 내며 몸이 붉어질 가능성이 높다. 냉혈 동물과 온혈 동물이라는 말 자체를 봐야 그 동물의 체온 조절 능력을 대강 짐작할 수 있다. 즉, 해당 동물이 외부 상황에 어떻게 반응하며 체온을 높이고 낮추는지 알 수 있다. 그 동물의 절대 혈액 온도나 체온에 대해서는 알기 힘들다.

중요한 주의는 그렇다 치고, 모든 포유동물은 '온혈 동물'이라는 평판에 걸맞은 삶을 살아갈까? 모든 포유류가 달라지는 온도에 맞춰 체온을 자동으로 조절할 수 있을까? 모든 포유동물의 경험상으로는 그렇다. 우리의 반려동물과 가축은 모두 열을 발산한다. 강아지를 꼭 껴안으면 알 수 있다. 겨울에 농장 마당의 소와 말이 내쉬는 입김을 보면 알 수 있다. 학교에서 포유류는 온혈 동물로 정의한다고 배운 기억이 난다. 그건 인간을 정의하는 말이기도 하다.

이 말은 어느 정도는 사실이다. 심지어 오리너구리 같은 특이종조차 체내에서 열을 발생시킬 수 있다. 포유동물은 체온을 높일 수 있으며, 체내에서 발생한 열로 체온을 유지한다. 하지만 모든 포유동물이 그럴 수 있는 것은 아니다. 벌거숭이두더지쥐가 좋은 예다. 이 동물은 여러모로 특이하며, 거의 모든 종과 다르게 걷고 냄새를 맡는다. 평소 체온은 섭씨 30도 정도지만, 그건 단지 체온과 비슷한 온도의 땅에 굴을 만들기 때문이다. 벌거숭이두더지쥐는 열을 발생시키는 능력이 어느 정도는 있지만, 뛰어나지는 않다. 기본적으로는 냉혈 동물이다. 벌거숭이두더지쥐가 얼음 위에서 스케이트를 타면 온몸이 꽁꽁 얼어붙을 것이다. 세상 물정에 밝은 기니피그처럼 보이는 아프리카산의 작은 포유동물 바위너구리는 또 다른 예다. 바위너구리는 몇 시간 동안 거의 아무 일도 안 하고 햇볕만 쬔다. 부족한 체온 유지 능력을 보완하기 위해서다.

어떤 포유동물은 체온을 자유자재로 올렸다 내렸다 한다. 많은 설치류, 유대목 동물 그리고 여러 소형 동물은 매일 휴식을 취하며 에너지를 아낀다. '무기력 상태'라고 하는 이 긴 낮잠은 신진대사를 감소시키고 그에 따라 체온을 떨어뜨린다. 가령 어떤 여우원숭이는 거의 반나절 동안 섭씨 7도까지 체온이 뚝 떨어질 수 있다. 동면은 체온을 더 떨어뜨린다. 체온이 가장 낮은 온혈 포유동물 세계 기록 보유자는 북극땅다람쥐*일 것이다. 동면을 하는 동안 북극땅다람쥐의 체온은 섭씨 영하 3도까지 떨어질 수 있다.

포유류를 상징하는 동물을 뽑는다면 단연 불곰일 것이다. 텁수룩한 갈색 털, 무럭무럭 자라는 귀여운 새끼들, 무시무시한 이빨과 발톱. 어디를 봐도 도마뱀과는 거리가 멀다. 하지만 심지어 이토록 가장 포유류스

* '파카다람쥐'라고도 불린다. 과거 파카 코트는 북극땅다람쥐의 가죽으로 만들었다.

러운 포유동물 역시 겨울잠을 자는 동안에는 체온이 몇 도 떨어진다(곰이 정말 동면을 취하는지 단순히 무기력 상태에 빠지는지에 대한 논쟁이 있다).

그렇다면 모든 포유류가 온혈 동물이라고 할 만한 체온 조절 능력을 갖고 있지는 않다. 마찬가지로 모든 냉혈 동물이 체온 조절 능력이 없는 것은 아니다. 장수거북은 세계에서 가장 몸집이 큰 거북이며, 악어 세 종의 뒤를 이어 네 번째로 큰 파충류 동물이다. 분포 범위가 광범위한 장수거북은 북극권 주변 차가운 바닷물이나 적도 해역의 따뜻한 기후에서도 서식한다. 대형 동물이며, 차갑고 따뜻한 바닷물 어디에서나 헤엄친다. 이 힘든 생활 방식을 지속하기 위해 장수거북은 필요할 때 체열을 발생시키는 방법을 찾았다.* 장수거북은 포유동물처럼 체온을 조절하는 파충류이며, 파충류 중 체온 조절이 가능한 유일한 동물로 보인다.

곤충 역시 가끔 온혈 동물인 척한다. 나방은 유독 뛰어난 체온 조절 능력을 보여 준다. 많은 나방 종이 몸속 체열을 이용해 비행에 쓰이는 근육인 비상근의 온도를 높인 뒤 날아오른다. 적어도 어류 두 종류는 온혈의 경향을 띤다. 참치와 악상어는 동맥과 정맥 간 열을 주고받을 수 있는 특별한 장기를 가지고 있다. 이 두 종은 다른 어류 종보다 몸속 열을 더 오래 유지한다.

인간이 자연계에 대해 만들어 낸 그토록 많은 범주가 그렇듯 온혈과 냉혈이라는 이름표는 절대적이지는 않다. 변이는 물론, 반대되는 사례가 워낙 많아 동식물 학자들을 골치 아프게 만든다.

---

* 이 능력을 두고 의견이 분분하다. 장수거북은 분명 주변의 차가운 바닷물보다 훨씬 높은 체온을 유지한다. 아마 몸속 두툼한 지방층과 높은 활동량 때문에 근육 열을 발생시키기 때문일 것이다. 하지만 2010년 한 연구(B.L. 보스트롬 외, 〈행동과 생리: 장수거북의 보온 전략〉, 플로스 원, 2010, 5(11), e13925)는 어린 장수거북의 체온 조절 능력을 보여 주는 직접적 증거를 밝혔다.

황소가 붉은색을 보면 흥분한다고?

'황소 앞에 붉은 보자기 흔드는 격'like a red rag to a bull은 도발을 나타낼 때 쓰는 표현이다. 황소가 붉은색을 싫어하며, 붉은색 물건을 흔들어대는 사람에게는 무조건 달려든다는 일반적인 믿음에서 나온 표현이다. 그런 이유로 투우사는 대개 붉은 망토를 휘두른다.

왜 이 뿔 달린 소는 붉은색에 놀랄까? 황소는 야생에서 붉은색을 볼 일이 별로 없을 것이다. 매우 드물게 포식 동물에게 무리 중 한 마리가 피를 보는 경우는 있을지 모른다. 황소는 피를 보고 포식자를 겁주어 쫓아버리기 위한 수단으로 투쟁 반응을 진화시켰을 수도 있다.

사실 그럴듯한 이야기를 지어낼 필요조차 없다. 황소는 붉은색에 아무런 반응도 하지 않는다. 황소는 투우사의 망토 색깔이 아니라 움직임에 반응한다.

황소는 색깔을 구분하는 능력이 없다. 대부분의 포유동물처럼 황소의 눈 역시 두 가지 종류의 색깔만 감지할 수 있다(인간은 세 종류). 황소는 붉은색과 녹색을 구분하지 못하며, 이 색깔을 회색으로 인식할 것이다. 의상의 색깔과 상관없이 공격적으로 검을 휘두르는 멍청이에게 무작정 달려든다. 전통적인 붉은색과 자홍색은 황소의 성미를 돋우기 위해서라기보다는 핏자국을 가리기 위해 사용되었다.

'황소 앞에 붉은 보자기'라는 표현은 19세기 중반에 널리 쓰였지만, 붉은 색이 화를 돋운다는 의미는 다른 동물에 쓰이기도 한다. '수컷 칠면조에게 붉은 보자기 흔드는 격' 역시 흔히 쓰는 표현이었다. 또한 더 적절한 표현이기도 하다. 조류는 인간과 황소보다 색깔을 더 잘 구분하기 때문이다.

낙타의 혹 안에는 물이 가득 차 있다?

누군가 낙타에 대한 시시한 농담을 덧붙이지 않고 '신경질을 내다'(get the hump, 'hump'는 낙타의 혹을 가리킨다)라는 표현을 쓰는 걸 들어본 적이 없었던 것 같다. 보통 이런 농담을 하는 사람이 차 트렁크가 꽉 찰 때마다 코끼리를 들먹거리거나('trunk'는 코끼리의 코를 가리키는 단어이기도 하다) 목이 약간 쉴hoarse 때마다 음담패설을 중얼거린다.('hoarse'가 매춘부를 가리키는 영어 단어의 복수형 'whores'와 발음이 비슷해서 하는 말장난)

그건 실제로 이중 말장난이다. 낙타는 혹이 있을 뿐 아니라 신경질도 잘 내기 때문이다. 낙타는 성깔이 사납기로 악명이 높으며, 움직이는 모든 것에 침을 뱉는다고 알려져 있다. 하지만 사실이 아니다. 낙타는 아무 이유 없이 신경질을 부리지 않으며, 대부분은 당황하거나 겁을 먹었을 가능성이 높다. 발사되는 액체는 침이 아니라 위액이다. 우리는 침을 맞는 것이 아니라 토사물을 뒤집어쓰는 것이다.

낙타의 또 한 가지 놀라운 능력은 물을 마시지 않고 몇 주간 살 수 있다는 것이다. 사막에 사는 동물에게는 꼭 필요한 능력이다. 낙타의 혹은 건기를 견딜 수 있게 해 주지만, 많은 사람이 상상하는 방법으로는 아니다. 낙타의 혹은 털로 뒤덮인 물통이 아니라 지방덩어리다. 이 지방은 먹을 게 부족할 때 대사 작용을 해 에너지와 물을 만들어 낸다. 또한 낙타는 대사 작용을 통해 물을 저장한다. 낙타는 땀을 흘리지 않고 다른 거대 포유동물과 같은 수준으로 호흡하면서도 수분을 빼앗기지 않는다.

막간 상식을 좋아하는 사람들을 위해 이야기하자면, 북아프리카와 중동 지역의 단봉낙타dromedary camel는 혹이 하나뿐인 반면 아시아 쌍봉낙타Asian Bactrian는 혹이 두 개다. 이 사실을 쉽게 기억하는 방법이 있다. 단봉낙타의 영문명 앞 글자 'D'를 시계 반대 방향으로 90도 돌리고, 쌍봉낙타의 영문명 앞 글자 'B'를 똑같은 방향으로 90도 돌리면 두 낙타의 등 모양이 나온다.

박쥐가 시력이 나쁘다고?

이 책에 자주 나오겠지만, 우리가 쓰는 동물과 관련한 많은 표현과 속담에는 기본적인 오해가 깔려 있다. 그 부분에 대해서는 우리도 박쥐만큼 눈이 어둡다. 저기 또 한 마리 날아간다.

다들 알다시피 박쥐는 평범한 시력을 포기하고 음파 탐지 능력을 얻었다. 이 날개 달린 포유류는 입이나 코에서 음파를 발사해 그 반향을 탐지한다. 박쥐는 반사되어 오는 소리로 주변 환경의 3차원 입체 영상을 머릿속에 그린다. 마치 우리가 반사된 빛으로 주변 세계를 인식하는 것과 비슷하다. 이것을 음파 탐지라고 한다.

하지만 음파 탐지는 대체로 시력을 보조하기는 해도 대신하지는 않는다. 사실 많은 박쥐는 시력이 좋다. 일부 박쥐는 인간에 버금가는 시력을 가지고 있다. 다만 먹잇감이 시력을 활용하기 힘든 밤에 나오기 때문에 음파 탐지로 먹잇감을 사냥한다.

박쥐는 거대한 집단이다. 박쥐 회의를 열고 모든 박쥐종의 대표를 한 마리씩만 초대해도 박쥐를 모두 앉히려면 초대형 여객기 두 대는 빌려야 할 것이다. 1300종의 박쥐 중에는 수많은 변종이 있다. 가령 과일을 먹고 사는 큰

박쥐는 곤충을 사냥하지 않고 낮 동안 과일과 과즙을 찾아다닌다. 큰박쥐의 시력은 이 일을 해낼 만큼 발달했고, 어떤 큰박쥐는 심지어 자외선을 감지한다. 그런 기능을 갖지 못한 인간의 눈으로는 불가능한 능력이다. 또 어떤 큰박쥐는 음파 탐지 능력이 없다. 대부분의 박쥐는 하나의 감각에만 의존하기보다는 시력과 음파 탐지 등 여러 감각을 함께 동원해 사냥한다. 박쥐는 시력이 없기는커녕 감각의 슈퍼히어로다.

레밍이 절벽에서 뛰어내려 자살한다고?

레밍은 헝클어진 녹색 머리에 파란색 옷을 입고 있었다. 적어도 내 세대에는 그랬다. 1990년대 초반에 개인용 컴퓨터를 가지고 있었던 사람이라면 엄청난 인기를 끌었던 퍼즐 게임 〈레밍즈〉를 기억할 것이다. 이 게임에서는 레밍을 안전한 곳으로 데리고 가야 했다. 이를 위해 레밍에게 장애물을 피해 높은 곳으로 올라가거나 굴을 뚫거나 낙하산으로 뛰어내리도록 지시한다. 모든 레밍이 살아남지는 못했다. 자살 역시 전략의 일부였다. 장벽에 구멍을 내기 위해 몇몇 레밍은 자폭하는 방식으로 자살을 택하는 경우도 있었다(지금보다 더 단순한 시대였다). 뛰어내리거나 불에 타 죽기도 했다. 레밍은 귀여운 모습으로 늘 우리를 무장 해제시키며 죽었다.

이 무신경하지만 큰 성공을 거둔 게임은 나를 포함한 팬을 수백만 명 거느리고 있었다. 게임 방식은 레밍이 자살을 한다는 잘못된 믿음을 바탕으로 했다. 레밍은 이동하는 동안 엄청나게 많은 수가 절벽 아래로 스스로 목숨을 던진다고 널리 알려져 있다. 이유는 명확하게 밝혀지지 않았다. 레밍이 머리가 나빠서 추락의 위험을 알지 못했기 때문일 수도 있고, 자기들도 모르게 허공으로 발을 내디뎠을 수도 있다. 아니면 무리의 개체 수를 지속하기 힘들다는 사실을 어쩌다 깨달았는지 모른다. 이에 개체 수를 줄이기 위한 자발적 도태가 이어진다는 것이다.

이 자해 행동은 사실이 아니다. 하지만 흥미로운 역사가 있다. 이 작은 생명체는 와글와글 몰려다니는 습성이 있고(곤충이라면 이렇게 말했을 것이다), 3~4년에 한 번씩 어디선가 갑자기 나타난다. 이것은 레밍의 타고난 번식 주기 때문이지만, 귀가 얇은 사람들은 한때 그처럼 레밍 수가 급증한 원인은 레밍은 하늘에서 '자연 발생'하기 때문이라고 믿었다. 다시 말해 레밍이 비처럼 내린다는 것이다.

절벽에서 뛰어내려 자살하는 행동은 20세기 들어 화제가 됐다. 레밍의 이 이상한 행동은 영화에 나오며 알려졌다. 세계에서 가장 유명한 쥐를 탄생시킨 디즈니가 또 다른 이미지를 만들어 냈다. 디즈니의 1958년 영화 〈하얀 광야〉에는 레밍 떼가 바다로 뛰어드는 끔찍한 장면이 나온다. 영화에서 레밍은 떼로 몰려든다. 이런 내레이션이 흘러나온다. "일종의 충동이 작은 설치류들을 사로잡고 있다. 설명할 수 없는 히스테리에 사로잡혀 레밍은 한 마리 한 마리 발맞춰 행진하며 이상한 운명을 향해 간다. 그 운명은 바닷속으로 뛰어드는 것이다." 레밍의 불운한 행진은 그들을 절벽 끝으로 데려가고, 거기서 레밍은 저 높은 곳에서 바다 아래로 뛰어내리는 것처럼 보인다. 대부분 죽는다. 살아남은 레밍은 서둘러 여정을 이어가는데, 안전한 해안가로 향하는 대신 바다를 향해 헤엄쳐간다. "이내 북극해 여기저기에 들썩이는 작은 몸들이 보인다." 탄식하듯 내레이션이 흘러나온다. 참으로 기구한 삶이다.

〈하얀 광야〉는 이 참혹한 장면에 힘입어 오스카 시상식에서 최고의 다큐멘터리 영화상을 받았다. 레밍이 절벽에서 뛰어내리는 장면은 조작됐다. 그 장면은 캐나다 캘거리 시내에 있는 강에서 촬영됐다. 바다에서 800킬로미터가량 떨어져 있는 곳이다. 레밍은 대규모로 모으기 적합한 종이 아니었다. 레밍은 억지로 떠밀리고 몰려 부자연스러운 행동을 했고, 그렇게 해서 영화 제작자들은 야생에서라면 담기 힘들었을 장면을 촬영했다. 관객들은 속았다. 조작된 레밍 자살 이야기는 상을 받으며 설득력을 얻었다.

디즈니는 레밍이 절벽에서 뛰어내려 자살한다는 생각을 사실처럼 만들었을지 모르지만, 누군가 그 이야기를 영화에서 만들었다고 말하게 두지는 마라. 그 잘못된 이야기의 시작은 적어도 1880년대로 거슬러 올라간다. 내 앞에는 1908년 2월 29일판 〈일러스트레이티드 런던 뉴스〉 속 설치류의 잔혹 행위를 담은 구역질 나는 전면 삽화가 놓여 있다. 그때로부터 얼마 안 있어 유럽 전장의 참호 밖으로 쏜살같이 뛰어나가는 수많은 청년들을 떠올리게 하는 그 그림 속에는 레밍 1000마리가 노르웨이 앞바다로 뛰어들고 있다.

무작정 몰려 달려 나가는 노르웨이레밍은 때때로 절벽으로 잘못 달려가 바다로 뛰어든다. 앞이 보이지 않아서도 아니고 고의적인 자살도 아니다. 그저 우연한 사고일 뿐이다.

인간은 침팬지에서 진화했다?

우리는 우리의 가장 가까운 친척에 대해 여전히 놀라울 정도로 무지하다. 침팬지가 텔레비전에 나올 때마다 우리 인간 둘 중 하나는 그 침팬지를 원숭이라고 부를 것이다. 부끄러운 실수다. 침팬지는 우리 인간과 같은 과에 속하는 인간상과 또는 유인원으로 고릴라, 보노보, 오랑우탄도 여기에 해당한다. 우리는 모두 꼬리가 없지만, 원숭이는 꼬리가 있다.* 가령 유인원이 더 지능이 높다든가 하는 다른 차이도 있지만, 꼬리가 없는 것만으로도 구분이 가능하다.

또 한 가지 크게 혼동하는 건 진화에 대한 사실이다. 같은 할아버지를 둔 사촌들처럼 침팬지와 인간은 공통 조상을 두고 있다. 하지만 인간은 침팬지에서 진화하지 않았다. 우리가 사촌의 후손이 아닌 것과 마찬가지다. 아직

* 한 가지 비슷한 예외는 북아프리카와 스페인 지브롤타에 서식하는 바르바리마카크 원숭이다. 인간을 제외하고 유럽이 원산지인 유일한 영장류다. 바르바리마카크 원숭이는 꼬리가 아주 작다. 그래서 가끔 바리바르 유인원이라고도 불리지만, 바르바리마카크는 틀림없는 원숭이다. 어떤 사람들은 유인원은 분기학적으로 원숭이의 한 종류라고 주장할 수도 있지만, 그렇게 되면 '분기학'의 의미를 따지는 등 따분한 전문가의 세계로 들어가야 하고, 일반적인 유인원의 정의와도 상충한다.

뼈가 발견되지는 않았지만, 인간과 침팬지의 공통 조상은 대략 500~800만 년 전에 살았다. 정확하지는 않다. 책의 다른 곳에서도 살펴보겠지만, 새로운 종은 하룻밤 새 생겨나지 않는다. 한 종류의 동물이 여러 종이 되려면 수백만 년간 긴밀한 유대와 이종 교배가 이루어지고 조금씩 분화가 이루어져야 할 것이다. 종 분화는 골치 아프다.

또한 우리 인간은 지금도 존재하는 어떤 원숭이종에서 진화한 것도 아니다. 약 2500만 년 전 알려지지 않은 이유로 확인되지 않은 영장류종이 두 집단으로 갈라졌다. 한 집단은 결국 우리 인간을 포함한 유인원이 되었고, 두 번째 집단은 많은 구세계원숭이종의 조상이 되었다(신세계원숭이의 조상은 이미 이때쯤 여러 종으로 분화했다).

그건 그렇고, 많은 자료에 고릴라가 유인원 중 가장 무게가 많이 나간다고 적혀 있을 것이다. 대체로 그렇지만 100퍼센트 맞는 말은 아니다. 일부 인간은 의학적인 문제든 단순히 많이 먹어서든 기록에 있는 어떤 고릴라보다 훨씬 더 무거울 수 있다.

코끼리가 코를 빨대처럼 사용한다고?

지구상의 어떤 얼굴에도 코끼리의 코처럼 눈에 띄는 부위는 없다. 최대 1.8미터까지 자랄 수 있는 이 구불거리는 부속물은 정말이지 유일무이하다. 가장 비슷한 걸 찾자면 맥tapir의 길쭉한 코인데, 웅장하게 매달린 코끼리 코에 비하자면 나무 밑동 정도에 불과하다. 하지만 수천 년 전만 해도 코끼리는 긴 코를 가진 수많은 장비목 동물 중 하나에 불과했다.

우리 모두 매머드라는 동물에 대해 들어 알고 있다. 털이 텁수룩하고 등에 혹이 달린 이 동물은 영화에 등장해 친숙하다.* 하지만 긴 코는 더 흔했다. 적어도 다섯 종의 마스토돈은 그랬다. 마스토돈은 두개골이 더 길쭉하고 엄니가 위로 말려 올라간 근육질 코끼리같이 생겼다. 마스토돈은 아메리카 대륙을 돌아다니며 살다가 마지막 빙하기 말기에 멸종했다. 더 과거로 가보

* 실제로 우리가 매머드에 대해 알고 있던 모든 정보는 틀렸다. 우선 매머드가 모두 추운 시대나 장소에만 살았던 건 아니다. 매머드는 아프리카가 원산지고, 많은 매머드종은 따뜻한 기후에서 많이 살았다. 이 코가 긴 동물은 우리가 털매머드를 생각하면서 떠올리는 크고 텁수룩한 털을 두르고 있지 않았다. 또한 마지막 빙하기에 전부 멸종하지도 않았다. 매머드는 기원전 1650년 전까지 알래스카 일부 지역에 살았다. 즉 매머드는 영국 잉글랜드의 석기 시대 유적 스톤헨지가 만들어지고 고대 이집트의 피라미드가 세워지고 한참 뒤까지 여전히 지구를 돌아다니고 있었다.

면 우리의 먼 조상은 아시아일직선상아코끼리를 보고 두려움에 몸을 떨었을 것이다. 역대 가장 큰 육상 포유동물로 꼽히는 이 거대한 코끼리는 몸무게가 22톤은 나갔을 테다. 그에 비해 아프리카코끼리는 고작 10톤밖에 나가지 않는다. 스테고돈, 데이노테리움과, 곰포테리움과, 마스토돈과 등 덜 익숙한 동물도 등장하며 선사 시대는 코 나팔을 부는 동물들이 전성기를 이뤘다. 코끼리만 지금까지 살아남아서 애석할 따름이다.

살아남은 코끼리는 분명 지구상에서 가장 카리스마 넘치며 사랑받는 생명체에 속하지만, 여전히 상아 밀렵꾼과 서식지 침략자들의 희생양이다. 사람들은 대부분 다른 코끼리 두 종을 알고 있을 것이다. 바로 아프리카코끼리와 몸집이 더 작은 아시아코끼리다.(때로 인도코끼리라고도 불리는데 실제로 인도코끼리는 아시아코끼리의 하위종 셋 중 하나다) 실제로 과학자들은 세 개의 개별 종을 인정한다. 우리가 아프리카코끼리라고 부르는 종에는 별개의 종으로 구분되는 서로 다른 두 종류의 코끼리가 있다. 바로 둥근귀코끼리와 몸집이 살짝 더 큰 아프리카덤불코끼리다. 이 두 가까운 사촌은 2010년 유전자 분석에서 별개의 종으로 결론이 났다.

그렇다면 힘세고, 두루 쓰임새가 많고, 아주 약간 익살스러운 코는 어떨까? 사람들은 흔히 코끼리가 코로 물을 마신다고 생각한다. 인간의 평균 키보다 더 큰 세계에서 제일 큰 음료 빨대. 잠깐 설명하겠지만 코끼리 코는 여러 가지 기능을 한다. 하지만 음료 빨대는 그 기능에 포함되지 않는다. 코는 숨을 쉬는 데 사용된다. 코끼리 코는 아래로 쳐진 형태다. 스노클링은 인간이 그 기술을 개발하기 한참 전에 코끼리가 먼저 시작했다. 코끼리는 사냥개보다 후각이 훨씬 더 뛰어날 것이다. 코의 힘과 재주 역시 놀라운데, 30톤 정도는 거뜬히 들어 올리고 땅콩껍데기를 섬세하게 깰 수 있다. 코끼리의 코는 이처럼 길고 힘이 세지만 놀랍게도 코 안에는 뼈가 없고 지방도 많지 않다. 코는 혀처럼 근육으로 이루어진 수압 조절기다.

코끼리 코로 빨아올린 물은 바로 몸으로 들어가지 않는다. 우리가 코로 모히토를 먹을 수 없는 것과 마찬가지다. 하지만 코의 도움으로 물을 마신다. 큰 귀를 가진 우리의 친구 코끼리는 코를 물속에 집어넣어 8리터까지 물을 빨아들인다. 이 살아 있는 물통은 이렇게 빨아들인 물을 몸 위로 뿌려 열기를 식히거나 입으로 옮겨 갈증을 해소한다. 또 장난기가 올라오면 관광객이 가득 탄 지프차를 향해 물을 뿌리기도 한다.

나의 세 살 난 말썽꾸러기 아이는 빨대의 다른 용도를 깨닫게 해 준다. 밀크셰이크에 부글부글 거품 내는 용도. 이때 코끼리 코도 쓸모가 있다. 코끼리는 어릴 때부터 물거품을 일으키는 법을 배운다. 재미를 위한 것만은 아니고, 실용적인 목적도 있다. 코끼리는 종종 숲 웅덩이 바닥에 있는 미네랄이 풍부한 진흙을 먹으며 영양분을 보충한다. 거품을 내면 바닥에 깔린 침전물이 일어나면서 이 장난꾸러기 후피 동물은 웅덩이 바닥에 깔린 흙을 더 쉽게 먹을 수 있다.

'코끼리는 쥐를 무서워한다'는 또 다른 속설의 주인공인 코끼리는 사실 쥐를 무서워하지 않는다. 이 널리 퍼진 이야기를 뒷받침하는 증거는 단 하나도 없고, 출처도 알 수 없다. 이 겁쟁이 동물은 보이지 않는 쥐의 소란에 당황할지도 모르지만, 알 수 없는 소음에 반응하는 정도에 불과하다. 짐작건대, 이야기가 퍼질 수 있었던 건 후다닥 다가온 쥐에 놀라 가구 위로 올라가서 훌쩍거리는 코끼리의 모습이 온순한 사람에게 겁먹은 힘센 사람을 표현하는 비유로 사용하기에 너무 매력적이기 때문이다.

아프리카코끼리는 인간의 키만큼 긴 귀를 가지고 있지만, 이 펄럭이는 큰

귀는 작은 소리를 잘 들으려고 진화한 것은 아니다. 커다란 귀 표면은 대신 냉각 기능을 한다. 귀를 지나는 작은 혈관들이 코끼리의 엄청난 체열을 밖으로 내보내게 해 준다. 코끼리의 청력과는 거의 아무런 관련이 없다. 인간의 귀는 더 고음의 광범위한 소리를 감지할 수 있지만 대신 코끼리는 초저주파음을 이용해 서로를 부르는 놀라운 능력을 가졌다. 인간의 가청 범위보다 낮은, 대단히 깊고 나지막한 소리로 속삭인다. 코끼리들은 이 진동음을 아주 멀리서도 들을 수 있다. '수신 장치'는 코끼리의 커다란 귓불이 아니라 지방층이 두꺼운 코끼리의 발바닥이다. 이 발바닥이 저음으로 웅웅거리는 소리를 예민하게 감지한다.

코끼리 무덤에 대한 이야기도 잘못됐다. 병든 코끼리는 무리를 떠나 신성한 장소로 가서 조상들의 뼈 사이에서 죽음을 맞는다고 흔히 알려져 있다. 코끼리 무덤은 존재하지 않으며, 죽어가는 코끼리는 혼자 길을 나서지도 않는다. 이 전설은 아마 코끼리가 무리 지어 죽은 장소가 발견된 데서 나왔을 것이다. 상아 밀렵꾼의 손에, 또는 굶주리거나 목이 말라서 죽었을 수도 있다. 코끼리 뼈는 당연히 거대하며, 바닥에 끝도 없이 놓여 있었을 것이다.

마지막으로 코끼리는 총을 든 인간 외에는 포식자가 없다고 흔히 전해지지만 결코 사실이 아니다. 아기코끼리가 무리에서 떨어지면 사자에게 쉽게 공격당할 수 있다. 심지어 어른 코끼리도 사자가 월등히 뛰어난 시력으로 밤에 마음먹고 기습 공격을 해 오면 쓰러질 수 있다.

사자는 정글의 왕이다?

나는 사자자리고, 사자자리는 점성술을 잘 믿지 않는다. 다행이다. 사자자리의 상징인 사자를 그다지 좋아해 본 적이 없기 때문이다. 나는 기운 없고 머리가 벗겨지기 시작한 채식주의자라 모든 면에서 그 무시무시한 동물과는 상당히 다르다. 아닌가?

사자는 '최상위 포식자', '전형적인 사냥꾼', '정글의 왕'이라고 알려져 있다. 앞서 말했듯이 사자는 힘센 육식동물로, 힘을 합쳐 코끼리를 쓰러뜨릴 수 있다. 하지만 사자가 언제나 '왕'이라는 별명에 걸맞은 삶을 사는 것은 아니다. 벵골호랑이와 시베리아호랑이는 사자보다 몸집이 큰 대형 고양잇과 동물이다. 시베리아호랑이는 최고 300킬로그램까지 나가는 반면 일반적인 사자의 몸무게는 200킬로그램 정도다. 하지만 무게 면에서 가장 큰 고양잇과 동물은 수컷 사자와 암컷 호랑이의 교배종인 라이거다. 일반적인 라이거는 320킬로그램 정도이며 위스콘신의 수컷 라이거 눅은 최고 몸무게가 550킬로그램까지 나갔다. 눅은 현대에 존재한 가장 무거운 고양잇과 동물, 즉 진정한 왕이었다.

사자는 우리가 최상위 포식자에게 기대하는 모습처럼 격렬한 활동에 많은 시간을 쓰지도 않는다. 사자는 15시간, 때로 20시간까지 잠을 잔다. 살아 있는 대부분의 시간을 무의식 상태로 보낸다. 수컷 사자는 특히 태평스럽다. 사냥은 거의 암컷이 하고, 수컷은 주변을 순찰하거나 그냥 쉰다. 먹잇감 사냥은 대개 빠르게 이루어진다. 사자는 치타처럼 먹잇감을 쫓을 힘이 없다. 대신 사자는 주로 매복했다가 기습 공격을 한다. 사자의 강력한 턱은 먹잇감의 목을 조르거나 질식시켜 빠르게 목숨을 끊어 놓는다. 이 같은 역할 분담을 보면 '라이온 킹'이라는 개념에 의문이 생긴다. 사자 무리는 평등하게 행동한다. 어떤 한 마리가 리더 역할을 맡지 않는다.

라이온 킹이나 퀸은 없다. 영화 〈라이온 킹〉 속 심바가 아버지로부터 물려받은 왕의 자리는 노래하는 멧돼지만큼이나 비현실적이다.

왕이 되는 사자가 있다 하더라도 사자를 '정글의 왕'이라는 별명으로 부를 수는 없을 것이다. 사자는 좀처럼 정글 속으로 들어가지 않기 때문이다. 이것은 마치 반려견이 때로 차 안에서 발견된다는 이유로 반려견을 '도로의 왕'이라고 부르는 것과 같다. 사자는 주로 나무가 거의 없는 드넓은 대초원에 사는 동물이다. 실제로 정글에 들어가지는 않는다.

이 부적절한 별명은 오역에서 비롯되었다. '정글'이라는 단어는 메마른 불모지를 뜻하는 산스크리트어 단어 '장글라jangla'에서 유래했다. 여기서 파생된 힌디어 단어는 '개간되지 않은 곳'이라는 의미를 지니고 있다. 어떤 이유에선지 서양인은 이 단어를 받아들여 울창한 숲*이라는 의미로 썼다. 정

* 흥미롭게도 '숲'forest이라는 단어 자체가 의미 변화를 많이 겪었다. 중세 잉글랜드에서 숲은 그저 왕족의 사냥용으로 준비해 둔 땅이었다. 나무 한 그루 자랄 필요가 없었다. 시간이 지나서야 숲이라는 단어는 점차 나무가 우거진 땅이라는 의미를 갖게 됐다.

글의 왕이라는 사자의 평판은 인도어로는 의미가 통하지만, 영어로는 그렇지 않다. 그렇다고 해도 몇 가지 예외가 알려져 있다. 가령 일부 사자는 건기에 에티오피아의 열대우림 지역을 피난처로 삼는다.

아이들은 대부분 수컷 사자와 암컷 사자를 구분하는 법을 안다. 수컷 사자는 갈기가 있고, 암컷 사자는 없다. 이 경험에서 나온 규칙은 대체로 사실이지만, 암컷과 수컷 모두 예외가 적용된다. 케냐 차보와 아프리카 서부에 서식하는 수컷 사자는 대개 갈기가 없다. 환경에 적응해 갈기가 사라진 덕분에 사자는 고온에 적응하며 살아갈 수 있게 됐다. 반대로 일부 암컷 사자는 화려한 갈기를 가지고 있으며, 대개 수컷 사자를 연상시키는 행동을 하기도 한다. 이러한 변화는 높아진 테스토스테론 수치와 관련이 있는 듯하지만, 그 이유는 누구도 알지 못한다.

다른 수많은 동물이 그렇듯 사자의 미래는 인간의 활동 탓에 위태롭다. 아프리카 사자의 개체 수는 1990년 이후 43퍼센트가 줄었다. 서식지 파괴와 밀렵, 먹잇감 수의 감소 때문이다. 국제자연보전연맹은 아프리카사자의 삶이 위태롭다고 본다. 아시아사자는 더 냉혹한 역사를 경험했다. 최근까지 아시아사자는 인도, 중동, 유럽과 아프리카의 주변부를 배회하며 살았다. 지금은 인도 서부의 기르 국립공원에서만 서식한다. 다행히 보전 활동으로 그 수가 지속적으로 증가하고 있다. 20세기 초반 불과 20마리에 달했던 개체 수는 지금은 약 600마리로 뛰었다. 아시아사자는 '심각한 멸종 위기 상태'에서 '멸종 위기 상태'로 등급이 조정됐지만, 동물의 왕 사자는 여전히 위태로운 왕좌에 앉아 있다.

우리 생활 반경 1.8미터 안에는 늘 쥐가 있다?

숫자와 관련한 정보를 검증하기 좋은 방법이 있다. 해당 숫자가 각 자료마다 다른지 확인해 보는 것이다. 도시 거주자들과 쥐에 대한 이 진부한 속설이 대표적이다. 나는 우리의 생활 반경 1.8미터 안에 늘 쥐가 있다는 말을 제목에서 수시로 봤다. 하지만 인터넷 검색을 해 보면 다른 이야기가 나온다. 잠깐 훑어봐도 1.5미터, 3미터, 10미터 등 여러 숫자가 나온다. 같은 출처에 따르면 보통 대도시에는 쥐가 사람 수만큼 많다고 한다. 하나같이 근거 없이 사실처럼 알려진 정보다. 쥐덫 위에 매달린 치즈처럼 매혹적인 거짓 정보다.

이런 거짓 정보가 맨 처음 등장한 것은 1909년 책 《쥐 문제The Rat Problem》를 발표한 영국의 과학자 W.R. 뵐터의 펜 끝에서였다. 뵐터는 시골 지역에 4000제곱미터당 약 한 마리의 쥐가 산다고 추측했다. 당시 영국 농지 면적은 약 16만 제곱킬로미터였으니 16만 마리의 쥐가 사는 셈이었다. 우연히 이 수가 영국의 인구수와 일치했다. 시민 한 명당 쥐 한 마리가 있다는 근거 없는 믿음은 이렇게 탄생했다.

도시의 상황은 제대로 파악하기가 더 힘들다. 쥐는 하수관, 공장 단지, 공원 등 대체로 보이지 않는 곳에서 산다. 우리가 거의 관심을 기울이지 않고,

눈에 띄지 않는 길가나 틈새 공간 같은 '경계지'에서 살아간다. 얼마나 많은 쥐가 길거리 혹은 그 아래에 사는지 누구도 확실히 알지 못한다. BBC 방송을 포함해 여러 공신력 있는 웹사이트에서 거듭 확인할 수 있는 최선의 추측은 현재 영국 내 쥐의 개체 수는 1050만 마리에 이른다는 것이다. 사람 여섯 명당 쥐 한 마리가 있는 셈이다. 쥐와 인간이 주차장의 가로등 기둥처럼 규칙적인 간격으로 우스꽝스럽게 나란히 서 있다고 생각하면 쥐와 인간이 어느 정도 떨어져 있는지 이해할 수 있을 것이다. 수학적으로 계산해 보면 도시에 사는 우리가 쥐와 유지하는 최대 간격은 50미터 정도다.

그 숫자는 어디를 기준으로 그런 가정을 했는지에 따라 큰 차이가 날 것이다. 도시의 어떤 구역은 인구 밀도가 높고, 어떤 구역은 낮다. 계단을 올라가면 쥐에게서 1.8미터 이상 쉽게 멀어질 수 있다. 쥐는 건물 안에 들어가기도 하지만, 그리 좋아하지는 않는다. 고층 건물의 꼭대기에 올라가면 쥐에게서 몇백 미터 떨어질 수 있다. 어떤 경우라도 최대 거리가 1.8미터만큼 가까워지는 일은 보지도 못했고 상상할 수도 없다. 하멜른의 피리 부는 사나이를 따라가지 않는 한은.

쥐는 수 세기 동안 나쁜 평판에 시달리며 고통 받았다. 대개 사실이 아니지만, 더럽고 악랄하다고 알려진 쥐는 이중성, 범죄, 쓰레기의 대명사가 되었다. '수상한 냄새가 나는데' I smell a rat '양다리남' love rat '이 비열한 놈' you dirty rat '가라앉는 배를 떠나는 생쥐들처럼' like rats deserting a sinking ship '치열한 경쟁에 휘말려'caught in the rat race 같은 잘 알려진 표현에는 쥐에 대한 애정이 전혀 담겨 있지 않다. 우리가 쥐를 이토록 혐오하는 근거가 전혀 없지는 않다. 때로 쥐는 성가신 존재다. 전선을 갉아서 끊어 놓고, 배관을 막고, 집을 더럽히고, 음식을 훔쳐 간다. 하수도 청소부나 터널 근로자 등 쥐가 사는 곳에서 일하는 사람들은 쥐의 오줌으로 전염되어 목숨을 잃을 수도 있는 바일병을 조심해야 한다.

흑사병이 결정타다. 이 무서운 질병은 중세 유럽에서 확산해 단 한 번의 발병으로 유럽 인구의 약 3분의 1을 집어삼켰다. 이건 비난받아 마땅하다. 트집을 잡아 보자면, 거의 말 그대로 쥐는 그저 벼룩의 매개체였다. 자신들도 모르는 새 페스트균의 숙주, 즉 흑사병의 최종 매개체가 된 것이다. 쥐는 그저 수많은 목숨을 앗아간 잔혹한 사건 속 유일한 생명체였을 뿐이다.

심지어 최근에는 흑사병에 쥐가 한 역할에 대한 의문이 제기되었다. 현대에 발병한 흑사병은 쥐벼룩이 인간에게 옮아 확산하는 경향이 있지만, 그렇다고 중세의 흑사병이 같은 식으로 퍼졌다고 볼 수는 없다는 것이다. 당시 기록은 많지 않고 비과학적이다. 추론컨대 쥐는 그저 범죄 현장에 있었을 뿐이다. 수학적으로 모델링한 결과, 과거에 발병한 흑사병은 쥐라는 매개체가 필요 없이 인간의 기생충으로 확산했을 수도 있다. 우리는 영원히 알 수 없을지도 모른다. 적어도 쥐가 우리가 생각한 것보다 더 멀리 있다는 사실을 알았으니 조금 더 마음 편히 쉴 수 있게 됐다.

호저는 가시를 쏠 수 있다?

개인적으로 역대 최고의 애니메이션 영화로 꼽는 〈씽〉(2016)에는 기타를 휘두르는 호저가 등장하며 호저에 대한 오랜 믿음을 굳힌다. 호저는 위협을 받으면 상대의 얼굴에 가시를 쏜다고 알려져 있다. 사자를 비롯한 포식 동물은 대개 호저가 발사한 뾰족한 가시가 군데군데 박혀 고통스러웠던 기억 때문에 다시는 이 가시 박힌 설치 동물을 공격하지 않는다고 전해진다.

스칼릿 조핸슨이 목소리 연기를 한 〈씽〉의 주요 캐릭터 호저 애쉬는 영화에서 가시를 두 번 쏜다. 남자 친구와 헤어지고 화가 나서 한 번, 그리고 영화의 마지막 기타 솔로 클라이맥스 부분에서 다시 한 번 쏜다. 말할 것도 없이 호저는 이런 식으로 행동하지 않는다. 호저의 가시는 방어나 분노의 목적 또는 음악적 표현의 수단으로 발사되지 않는다. 그보다는 잠재적인 포식자가 가시의 뾰족한 끝을 건드릴 때마다 뽑히는 것이다.

실제로 어떤 동물도 자기 몸에서 단단한 발사체를 쏠 수 없다. 돌이나 쇠로 만든 활이 달린 동물은 진화한 적이 없다. 가장 비슷한 동물은 신세계타란튤라의 방어 수단일 것이다. 이 무시무시한 거미는 위협을 느끼면 뒷다리를 배에 문지르며 가시 돋친 털을 공격하는 상대를 향해 휙 던진다. 가시는 알아서 발사되지 않는다. 동물은 일반적으로 위협을 느낄 때면 불쾌한 액체를 쏜다. 대표적인 동물로는 코브라, 여러 딱정벌레, 개미, 스컹크 등이 있다. 다른 동물들은 위협의 대상을 향해 무언가를 던지거나 차거나 긁을지도 모른다.

호저는 화를 내지는 않더라도 호저의 변형된 털, 즉 가시는 여전히 멍청하게 호저를 입으로 물려고 하는 동물의 공격을 막는 효과적인 방어 수단이다. 특히 개들은 호저를 정복할 수 있다고 생각하는 모양인지 수많은 개가 가시털이 박힌 채 고통스러워하며 집으로 돌아온다.

유대목 동물은 호주에서만 서식한다?

이름을 아는 유대목 동물이 몇 종이나 되는가? 캥거루, 왈라비, 음… 코알라… 왈라비는 아까 말했던가? 유럽인들은 이 이국적인 유대목 포유동물을 잘 안다고 생각하지 않는다. 그중 캥거루가 가장 잘 알려져 있다. 퀴즈 프로그램에서 질문으로 나오면 참가자 대부분이 답할 유대목 포유동물이다. 하지만 유대목 동물은 많고 다양하며 무엇보다 대단히 흥미롭다.

현존하는 유대목 동물 약 330종이 학계에 알려져 있다. 위에서 언급한 동물과 함께 우리는 웜뱃, 주머니곰, 포섬, 오퍼섬을 언급할지도 모른다. 코알라는 실제로 유대목 동물이다. 코알라는 당연히 곰이 아니다. 더 보기 힘든 유대목 동물에는 빌비, 날다람쥐, 쥐캥거루, 왈라루, 주머니개미핥기 그리고 알파벳 단어 게임 스크래블(스크래블 게임에서는 Q나 K처럼 영어에서 자주 쓰이지 않는 알파벳이 들어간 단어일수록 점수가 높다)에서 승리를 가져다주는 쿼카quokka 등이 있다.

유대목 동물, 특히 캥거루는 호주와 깊은 관련이 있다. 호주라는 나라의 상징으로 여겨지며 호주의 문장과 화폐에도 들어가 있다. 호주에서 캥거루는 호주 인구보다 두 배 정도 많다.

모든 유대목 동물이 그래 보이듯 캥거루 역시 이름 기원설이 재미있다.

호주에 처음 도착한 유럽인이 이 뛰어다니는 동물을 발견하고 원주민에게 동물의 이름을 물었다. 원주민들은 새로운 정착민의 말을 알아듣지 못하고 '모르겠어요'라는 의미의 '캥거루'라고 답했다. 그렇게 캥거루는 의사소통 오류로 캥거루라고 불리게 됐다는 것이다.

사람들 입에 자주 오르내리는 이 속설은 다른 설이 등장하며 설득력을 잃었다. 캥거루라는 단어는 호주 북동부 원주민들이 사용하던 이름 강거루 gangurru에서 나왔다. 이 이야기는 1770년 위대한 동식물 연구가 조지프 뱅크스가 지금의 퀸즐랜드 쿡타운에 긴 시간 머물면서 처음 기록했다. '모르겠어요' 이야기는 일반 상식의 지위를 얻은 어설픈 농담에 불과해 보인다.

캥거루는 호주에서만 서식하는 동물이다. 적어도 야생에서는 그렇다. 하지만 유대목 동물은 서식 범위가 훨씬 더 넓다. 많은 유대목 동물종이 뉴기니와 뉴기니의 일부 작은 섬에서 발견된다. 뉴질랜드에는 유대목 동물은커녕 박쥐와 해양 생물을 제외하고는 토착 포유동물이 없다. 하지만 일부 종이 인간에 의해 들어왔으며, 지금은 뉴질랜드 야생에서 왈라비와 포섬을 볼 수 있다.

더 놀라운 사실은 유대목 동물 약 100종이 남미 대륙에서 발견된다는 것이다. 이곳은 나무 위에서 살며, 집 고양이 크기만큼 자랄 수 있는 오퍼섬의 서식지다. 오퍼섬의 한 종인 버지니아주머니쥐는 심지어 북미 지역에도 서식한다. 버지니아주머니쥐의 이름은 1607년 존 스미스 선장이 처음 기록했고, '하얀 동물'이라는 의미의 원주민 단어에서 유래했다. 줄여서 '포섬'이라 부르는 이 단어(원주민의 말로는 'aposoum'이다)는 나중에 호주에 서식하는 대단히 다른 종류의 유대목 동물 이름에 붙었다. 신기하게도 호주의 여러 유대목 동물의 이름이 버지니아 해안 지역에 살았던 포우하탄 부족의 말에서 유래했다.

동물들의 별난 식탁

원숭이가 바나나만 먹거나 나방이 늘 과일즙이나 옷에만 달려든다고 생각한다면 놀랄 준비하시라. 자연의 가장 극단적인 식습관 몇 가지를 공개한다.

상어를 먹는 원숭이 : 상어와 원숭이 무리가 싸우면 누가 이길까? 장소가 어디냐에 따라 달라질 것 같다. 물속에서는 원숭이가 떼죽음을 당할 것이고, 땅에서는 상어가 원숭이 밥이 될 것이다. 나의 멍청한 사고 실험은 어느 정도는 실제 근거가 있다. 실제로 상어를 사냥하는 원숭이 종이 있기 때문이다. 차크마개코원숭이는 쓰레기더미를 뒤져 뭐든 먹을 만한 것을 손에 넣지만, 일년에 한 번 상어 알을 찾아 해안으로 향한다. 바닷물이 빠져나갔을 때 차크마개코원숭이는 성장 중인 상어의 배아를 찾아 맛있게 먹어 치운다.

고기를 먹는 벌 : 모든 벌은 엄격한 채식주의 식단을 따른다. 꿀벌의 식단은 거의 전부 꿀, 꽃가루, 과일, 나뭇잎, 줄기의 단물로 이루어진다. 적어도 과학계는 한때 그렇게 생각했다. 그러다 1982년 연구진은 부패한 고기를 먹는 벌을 발견했다. 독수리벌이라 불리는 이 벌은 동물 사체의 눈을 통해 몸속으로 파고든 뒤 액체화된 세포를 실컷 집어삼킨다. 그런 뒤 벌은 벌집으로 돌아가 이 무시무시한 먹이를 토해 낸다. 그런 다음 일벌은 이것을 꿀과 비슷한 물질로 바꾸어 미래의 식량원으로 저장한다. 이와 비슷한 오직 세 종의 벌만이 이런 식으로 행동한다. 지금까지 어느 누구도 독수리벌의 부패한 고기 꿀을 판매한 적이 없다. 독수리벌은

침도 없고, 꿀을 빼 오기도 쉽다는 점을 생각하면 이상한 일이다.

나방을 먹는 곰: 불곰은 '인정사정 봐주지 않는 무자비한' 이미지다. 날카로운 이빨과 강인한 앞발을 가진 이 지배적인 육식동물 불곰은 인간을 포함한 덩치 큰 먹잇감을 갈기갈기 찢어놓는다. 또 불곰은 나방을 즐겨 먹는다. 여름에 옐로스톤 국립공원의 불곰, 그리고 때로 흑곰은 언덕으로 가서 거세미나방을 찾는다. 이 나방은 많은 수가 떼 지어 날아가 로키산맥에 핀 들꽃의 꿀을 먹고 산다. 곰 한 마리는 바위를 뒤집어 이 날개 달린 간식을 퍼올린 뒤 하루에 4만 마리씩 먹어 치운다.

눈물을 먹는 나방: 나방이 복수할 차례다. 몇몇 나방종은 발굽 있는 동물과 파충류의 눈을 자극한 뒤 흘러나오는 눈물을 마신다. 최근 마다가스카르에서 발견된 나방종은 잠자는 새를 노린다. 나방은 가시 돋친 주둥이를 새의 눈꺼풀 아래 밀어 넣은 뒤 눈물샘을 자극하고, 새가 눈물을 흘리면 그 눈물을 마신다. 이 섬뜩한 방식은 물과 소금을 함께 공급한다. 슬픔을 달랜다기보다는 슬픔을 마시는 것이다.

항문을 파고드는 비어류non-fish: 먹장어는 눈부신 오해의 역사를 지니고 있다. 두 단어로 된 라틴어 학명을 만든 식물학자 칼 린네는 먹장어를 벌레로 봤다. 미끌미끌하고 몸을 돌돌 휘감는 먹장어는 종종 장어로 이야기되기도 한다. 둘 다 아니다. 먹장어는 비늘도 지느러미도 턱도 없어 물고기와 닮은 점이 거의 없다. 두개골은 있지만 동물 중 유일하게 등뼈는 없다. 먹장어는 먹장어류에 속하며 특유의 식습관을 가지고 있다. 먹장어는 살짝 출출할 때 훨씬 몸집이 큰 동물의 항문을 파고들어 몸속의 내장을 파먹는다. 내장 주인이 여전히 살아 있는지 아닌지는 그다지 신경 쓰지 않는 듯하다.

피를 빨아먹는 새: 모기부터 거머리, 흡혈박쥐까지 많은 동물이 피를 먹고 산다. 덜 유명한 동물이 흡혈되새다. 이 새는 유명한 갈라파고스핀치종 중 하나로, 부리 모양이 다양해 다윈이 주

목한 새이기도 하다. 흡혈되새는 다른 새의 피를 빨아먹는다고 해서 그 이름을 얻었다. 실제로 흡혈되새는 나즈카부비새와 푸른발부비새의 피를 노린다. 흡혈되새는 희생양으로 삼을 부비새의 몸 위에 내려앉은 뒤 쪼아서 피를 내어 홀짝홀짝 들이마신다. 부비새는 이런 공격에 미동도 하지 않는 것 같다. 피를 마시는 건 새의 세계에서는 보기 드물지만, 사하라 사막 이남 아프리카의 소등쪼기새도 다른 동물의 피를 마시는 새다. 소등쪼기새는 포유류 동물의 진드기를 주식으로 하며, 진드기가 붙은 포유류의 피를 빨아먹기도 한다.

POPCORN

Chapter 3
반려동물의 비밀

고양이는 정말 야옹 하고 울까?
흥미롭게 마련한 반려동물 코너에서 미심쩍은 사실을 확인하자.

개가 보는 세상이 흑백이라고?

개의 몸속으로 '양자 비약'을 하면 이내 감각이 변하는 걸 눈치챌 것이다. 후각과 청각이 예민해지면서 주변 환경이 변한다. 동시에 시력은 약해진다. 개는 인간만큼 선명하게 보지는 못한다. 최근까지 네발 달린 우리의 친구 개는 색깔을 구분할 수 없다고 알려졌으나 지금은 그렇지 않다고 밝혀졌다.

〈오즈의 마법사〉를 보고 있는 개, 아마도 〈오즈의 마법사〉에 나오는 도로시의 반려견 토토의 후손일 개는 도로시가 오즈의 나라로 들어가면서 장면이 변한다는 사실을 눈치챌 것이다. 사람은 흑백에서 총천연색으로 변한 걸 보겠지만, 개는 몇 가지 색깔로만 이루어진 먼치킨 마을을 본다. 개의 눈에 도로시의 파란 드레스와 노란 벽돌길은 그대로 보이겠지만, 다홍색 실내화와 사악한 마녀의 초록색 얼굴은 칙칙한 회색일 것이다.

적어도 그게 제일 적당한 추측이다. 물론 다른 동물의 지각을 경험하기란 불가능하다. 아직까지는. 개의 눈에 대한 해부학적 연구를 보면 개의 시각 장치는 제한된 범위의 색만 감지할 수 있는 것처럼 보인다. 인간의 눈이 색을 인식하는 추상체 세 종을 가지고 있다면, 개는 두 종류의 추상체를 가지고 있다. 그래서 개들은 파란색과 노란색은 구분하지만 다른 색깔은 구분하지 못한다. 행동 연구에서도 똑같은 결론을 낸다. 인간의 이 네발 달린 친구는 무지개에는 별로 관심이 없을지도 모르지만 맑고 파란 하늘은 올려다볼지도 모른다.

개의 1년은
인간의 7년과 같다?

나도 어릴 때 개를 키웠다. 매력적인 잭 러셀종이었는데, 이름은 벤지였다. 벤지와 나의 열 살 생일이 되자 불안한 마음이 들었다. 오래전부터 전해지는 말에 따르면 개의 1년은 인간의 7년에 해당한다고 한다. 나의 충성스러운 개는 이제 70대였고, 분명 살날이 얼마 남지 않았다. 결국 벤지는 인간의 나이로 105세인 열다섯 살에 죽었다. 관절염이 살짝 있었지만, 마지막 순간까지 정정했다.

실제로 개의 1년이 인간의 7년이라는 말은 헛소리다. 소형견은 대체로 벤지의 나이까지 사는 반면, 105세까지 사는 인간은 거의 없다. 그 규칙은 수명이 10년 정도 되는 대형견에게 더 잘 들어맞는다. 게다가 개와 인간은 같은 속도로 성장하지 않는다. 개의 초기 발달은 인간의 상대적 삶의 단계보다 훨씬 더 빠르다. 개의 1년은 인간의 10대를 전부 합친 것과 비슷하다. 1년이 지나면 개는 성적으로 성숙해지고 대개 성장을 멈춘다. 더 정확하게는 개의 2년이 인간의 10.5년에 해당한다고 해야 맞을 것이다. 그때의 비교도 각 종과 크기를 고려한 것은 아니며, 종과 몸 크기는 수명에 큰 영향을 미칠 수 있다.

세상에서 가장 오래 살았다고 기록된 개는 블루이라는 호주 목축견이다. 블루이는 1939년에 스물아홉 살의 나이로 죽었다. 전통적인 공식으로 비교하기는 힘들지만, 인간의 나이로는 203세, 수정된 공식으로는 129세에 죽은 셈이다. 세상에서 가장 긴 수명의 축복을 누렸던 사람인 잔 칼망은 122세까지 살았다.

개는 멍멍 하고 짖는다?

내가 딸에게 처음 가르쳐 준 말 중 하나이다. 고양이는 '야옹'miaow 하고 울고 개는 '컹컹'woof 하고 짖고, 내 경험으로는 설명하기 힘들지만 말은 '히이힝'neigh 하고 운다. 유아 단계의 말들이다. 적어도 영어 사용자들이 처음 배우는 말 중 하나다. 하지만 동물은 언어에 따라 아주 다양한 소리를 낸다. 동물들이 지방 사투리로 꿀꿀거리고 끽끽거린다는 말이 아니다. 그보다는 언어가 각기 다른 사람들이 다양한 방식으로 자신들이 키우는 반려동물과 가축이 내는 소리를 표현한다는 의미다. 심지어 한 언어 안에서도 동물의 소리는 다양하게 해석될 수 있다. 가령 개는 '멍멍' 짖거나 '컹컹' 짖기도 하지만 '왈왈' '낑낑' '깽깽' 짖기도 한다.

전 세계적으로 개의 짖는 소리는 다양하게 발음된다. 영어 사용자는 이를 '우프'woof로 듣지만, 네덜란드인들은 '블라프'blaf로 듣는다. 스페인 개는 '과우'guau 하고 짖고, 터키 개는 '헤브'hev 하고 짖는다. 루마니아 개는 '함'ham 하고 짖고, 일본 사냥개는 '완'wan 하고 짖는다. 그중 가장 혼란스러운 개가 한국 개인데, 한국 개의 '멍멍' 소리는 유독 고양이 소리처럼 들린다. 실제로 고양이 소리는 세계적으로 더 비슷하다. 대부분의 나라가 고양이 소리를 영어의 '미야오'miaow와 비슷하게 듣는다. 한 가지 예외는 다시 한국인데, '야옹'이라는 고양이 소리는 서양인들로서는 이해하기 힘들다.

세계의 양봉가들은 벌과 대화를 나누려면 '윙윙'에 해당하는 다양한 어휘를 익혀 둬야 한다. 독일 벌은 '줌'sum 소리를 내고, 일본 벌은 '부운'buun 소리를 내다. 한국 벌은 '붕' 소리를 낸다. 하지만 돼지의 언어가 제일 재미있다. 영국의 돼지는 '오잉크'oink 하고 울지만, 덴마크 돼지 친구들은 '외프외프'øf-øf 하고 운다. 네덜란드 돼지는 '크노르크노르'knor-knor 하고 울지만, 일본 돼지는 '부부'boo-boo 하고 운다. 프랑스 돼지는 '그로와그로와'groin-groin 라는 소리를 낸다.

토끼는 늘 당근을 먹는다?

"뭔 일이셔, 선생?" 사고뭉치 벅스 버니가 손에 당근을 들지 않은 모습은 좀처럼 볼 수 없다. 토끼가 당근을 그 정도로 많이 먹으면 배가 아파 사고를 칠 수 없을 텐데 말이다. 야생 토끼는 당근을 비롯해 정원과 밭에서 자라는 다른 '토끼밥'을 먹겠지만, 농업이 발달하기 전 토끼가 원래 먹던 음식은 대부분 건초와 풀이다. 과일과 채소에는 당분이 몸에 해로울 정도로 많이 들어 있다. 집토끼는 당분이 너무 많은 음식을 먹으면 소화 불량에 걸린다. 툭하면 맥그리거 아저씨의 무밭에서 몰래 무를 뽑아 먹는 피터 래빗은 소화 불량에 걸리겠지만, 내 생각에 이 귀가 긴 절도범은 훨씬 엄한 벌을 받아 마땅하다.

오해를 받는 또 다른 동물은 '크림을 삼킨 고양이'다. 새끼와 어른 고양이 모두 우유를 비롯한 다른 유제품을 좋아하지만, 우유 접시를 주는 건 좋은 생각이 아니다. 소젖에는 대부분의 고양이가 소화하기에는 과도하게 많은 젖당이 들어 있다. 고양이가 나이 들수록 문제는 더 심각해진다. 대부분의 어른 포유동물은 어린 시절이 지나면서 젖당을 소화하는 능력이 없어진다. (인간도 마찬가지다. 중국 사회처럼 낙농업 전통이 없는 나라 사람들은 대개 유당을 소화하지 못한다.) 우유를 주기적으로 먹는 고양이는 속이 더부룩하거나 설사로 고생할 수 있다.

고양이는 높은 곳에서 떨어져도 살아남는다?

1994년이었고, 세상은 아직 젊었다. 내가 동료의 컴퓨터 방에 앉아 복잡한 'WWW' 인터넷 세상을 이해해 보려고 애쓰고 있던 그때 메일함에 이메일 한 통이 도착했다. 친구에게서 온 메일이었는데, 여러 사람을 거쳐 전달된 내용이었다. 우리는 소셜미디어가 나오기 전에 이렇게 메일을 돌려 보며 소식을 나눴다.

나는 그 이메일을 똑똑히 기억한다. 내가 본 최초의 '인터넷 밈'이었다. 익명의 저자는 무중력 장치를 만드는 방법을 설명하고 있었다. 토스트 한쪽에 버터를 바른 다음 버터를 바른 면을 위로 오게 해서 고양이 등에 묶기만 하면 된다. 이제 고양이를 떨어뜨리면 어떻게 될까? 머피의 법칙에 따르면 한 장의 토스트는 늘 버터를 바른 면이 바닥쪽으로 닿게 떨어져 빵을 먹을 수 없게 된다. 한편 다들 알겠지만 고양이는 늘 안전하게 착지한다. 두 가지 규칙이 상충한다. 고양이를 떨어뜨리면 어느 쪽으로도 떨어질 수 없이 붕 떠 있게 된다. 이 가정은 확실히 바보 같다. 고양이가 늘 안전하게 착지한다는 이야기는 많은 사람이 믿는다.

이 책 속에 나오는 거의 모든 '속설'과는 달리 이 이야기는 대체로 사실이다. 고양이는 뛰어내릴 때마다 발이 아래로 오게 몸을 뒤집는 천부적인 재능을 가지고 있다. 이를 '직립 반사'라고 한다. 어떻게 이 직립 반사는 오랫동안 미스터리 취급을 받았을까? 어떻게 몸을 기댈 곳이 없는 공중에서 몸을 뒤집는 것일까? 고양이는 몸의 상체와 하체를 반대 방향으로 비틀면서 앞발을 끌어당긴다. 이 동작으로 고양이는 자기 체중에 의지해 몸을 비틀면서 회전에 필요한 힘은 남겨 둔다. 지금이야말로 인터넷으로 고양이 영상을 마음껏 볼 수 있는 기회다. 고양이의 착지 기술은 글로 적힌 설명보다 영상을 보면 훨씬 더 이해하기 쉽기 때문이다.

고양이는 높은 층에서 뛰어내리는 충격을 견딜 수 있는데, 유연한 등뼈와 가볍고 탄력 있는 뼈대 덕분이다. 그래서 고양이가 몸을 쭉 폈을 때 공기 저항으로 속도가 느려진다. 고양이는 종단 속도(물체의 속도가 빨라지고, 차츰 일정한 속도로 안정되었을 때의 속도)가 시속 96.5킬로미터에 달하는 반면, 자유낙하하는 인간은 그보다 거의 두 배의 속도로 바닥에 떨어질 것이다. 그렇다고 해도 고양이가 어떤 추락에도 살아남는 건 아니다. 위에서 언급한 속도는 여전히 엄청난 충격을 준다. 뼈대가 아무리 유연하다 해도.

1987년 진행된 후 수많은 곳에서 인용된 어느 수의학 연구에서는 7층 높이 이상에서 떨어진 고양이는 더 낮은 층에서 떨어진 고양이에 비해 심한 부상을 입을 가능성이 낮다는 연구 결과를 얻었다. 이 믿을 수 없는 연구 결과는 준비 덕분이었다. 더 높은 곳에서 떨어지면 고양이는 직립 반사를 하고 울퉁불퉁한 땅에 착지하는 데 대비할 더 많은 시간적 여유가 생긴다. 하지만 이 연구를 의심하는 사람들이 있다. 살아남은 고양이만을 대상으로 한 연구이기 때문이다. 추락하여 즉사한 동물은 동물병원에 가서 검사를 받지 않기 때문에 당연히 그 결과에는 반영되지 않는다. 때로 호기심이 정말로 고양이를 죽이기도 한다.

금붕어의 기억력은 7초다?

금붕어는 몸 색깔이 선명한 주황빛을 띠기로 유명하다. 사랑스럽지만 금빛은 아니다. 금붕어는 더 심각한 명예훼손을 당하고 있다. 기억력이 짧다는 것이다. 금붕어는 수족관 속 친구들을 기억할 수도 없으며, 똑같은 산호를 매번 처음 보는 것처럼 바라본다고 한다. 금붕어에게 같은 농담을 하고 또 해도 금붕어는 결코 그 농담을 기억하지 못한다. 영화 〈도리를 찾아서〉를 생각해 봤을 때 보잘것없는 기억력은 다른 물고기의 특징이기도 하지만, 금붕어는 수족관 안에서 기억력 꼴찌다.

과연 금붕어의 기억력은 얼마나 나쁠까? 흔히 알려지기로 금붕어는 7초보다 더 이전에 일어난 일은 아무것도 기억할 수 없다. 아니면 3초. 또는 10초. 우리가 책의 다른 곳에서 살펴본 것처럼 인터넷에는 늘 각기 다른 정보들이 넘쳐나는데, 그건 늘 특정 정보가 신뢰하기 힘들다는 좋은 지표다.

그렇다. 사실 물고기는 기억력에 아무 문제가 없음이 밝혀졌다. 단순한 먹이 주기 실험을 한 결과, 물고기는 어디로 헤엄쳐 가야 먹이를 먹을 수 있는지 빠르게 배우고 기억했다. 심지어 하루 중 몇 시에 음식이 도착하는지도 기억했다. 2009년 이스라엘 테크니온 공과 대학교 연구자들은 어떤 물고기는 최대 다섯 달까지도 기억한다는 사실을 발견했다. 바다판 파블로프의 개 실험에서 물고기는 음향 신호가 들리면 먹이가 나온다는 사실을 기억하도록 훈련받았다. 그런 뒤 물고기는 다시 야생으로 돌아갔다. 다섯 달 뒤, 같은 소리를 들려주자마자 물고기를 그물 안으로 바로 불러 모을 수 있었다.* 물고기를 몇 달 동안 비좁은 양식장 안에 가둬두는 대신, 훈련을 시킨 뒤 더 넓은 물로 풀어 주고 인간이 먹을 수 있을 만큼 성장했을 때 쉽게 다시 잡을 수 있을 것이다.

이 기억력에 대한 속설의 출처는 밝혀지지 않았다. 우리는 그저 물고기가 멍청할 것이라고 예상하고, 그래서 누군가 과학과는 아무 관련 없는 7초라는 기억력의 시간을 지어낸 것일지도 모른다. 혹은 죄의식을 달래기 위해 만들어 낸 이야기일 수도 있다. 반려 물고기는 대개 작은 어항이나 심지어 비닐 봉지처럼 좁고 자극이 거의 없는 곳에 갇혀 산다. 물고기에게 자신이 처한 역경을 기억할 지능이 없다면 물고기를 걱정할 이유가 있을까?

* 이 연구는 세계의 여러 언론에 소개되었지만 대개 금붕어로 잘못 보도되었다. 금붕어는 잉어와 아주 가까운 종이기는 하지만 훈련받은 물고기는 금붕어가 아니라 잉어와 틸라피아였다. 물고기는 다섯 달 동안 수시로 음향 신호에 '근접' 노출된다. 초기의 연구에서 신호 반응은 시간이 지날수록 줄어들었다(B. 시온 외, 〈자동 낚시 기계를 이용한 음향 신호에 조건 반사하는 물고기 양식하기〉, Aquaculture, 2012)

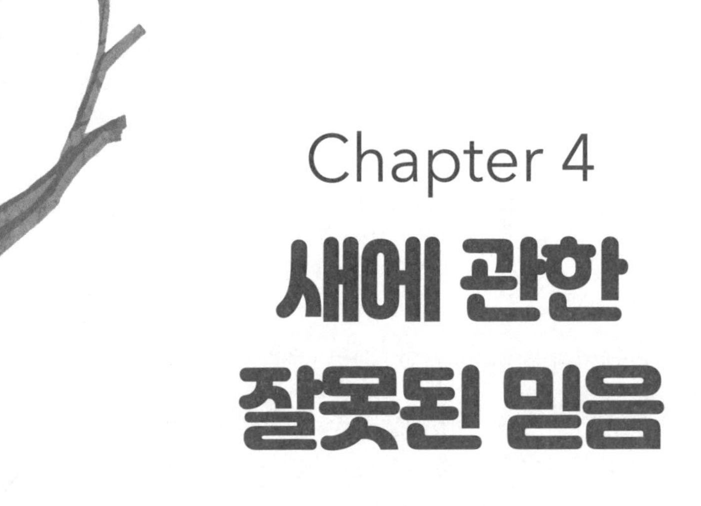

Chapter 4
새에 관한 잘못된 믿음

올빼미는 목을 몇 도까지 돌릴 수 있을까?
까치가 보석 도둑이라는 오명을 쓴 까닭은?
새의 실수와 일탈 그리고 오해에 대하여.

타조는 모래 속에 머리를 묻는다?

여기 한 가지 사실을 이야기해 주겠다. 생후 한 달이 되면 새끼 타조는 시속 56킬로미터 이상의 속도로 달릴 수 있다. 우연히도 내 아들 알프레드가 어제 생후 한 달이 됐다. 알프레드의 최고 속력은 시속 0킬로미터다. 입에서 천천히 흘러내리는 침만 제외하면.

타조는 놀라운 동물이다. 세계에서 가장 무게가 많이 나가고 키가 큰 조류이며, 세계에서 가장 큰 알을 낳는다.* 날 수 없는 이 새는 올림픽 사이클 선수보다 더 빨리 뛸 수 있고, 두 걸음 만에 테니스 코트를 가로지를 수 있다. 이 새가 하지 않는 한 가지 행동은 바로 머리를 모래 속에 파묻는 것이다.

이 속설이 어디에서 나왔는지 쉽게 알 수 있다. 타조의 머리는 가느다랗고 볼품없으며, 색깔이 모래색과 비슷하다. 머리를 땅에 가까이 갖다 대면 잘 보이지 않는다. 타조가 알을 돌보는 동안 타조 머리가 둥지 주변 모래 가장자리에 가려 보이지 않을 수 있다. 말할 것도 없이 이런 오해에서 타조가

* 많은 사람이 믿는 이 사실 역시 논란의 여지가 있다. 뱀상어는 타조의 알보다 2.5센티미터 더 긴 알을 낳기도 한다. 고래상어는 더 큰 알을 낳지만, 부화할 때까지 어미가 몸속에 품는다. 하지만 타조는 살아 있는 조류 중에서, 그리고 육지에서 가장 큰 알을 낳는다.

모래 속에 머리를 묻는다는 이야기가 나왔다. 아마도 이 속설에서 타조의 우스꽝스러운 이미지가 생겨났을 것이다. 어린아이들이 그렇듯 타조는 자기 눈이 가려져 있기 때문에 자기 모습이 보이지 않을 것이라고 생각한다.

이런 오해에 관해서는 로마 작가 플리니우스가 기록했다. 그의 저서인 《박물지》의 조류 코너는 타조의 순진무구함을 조롱하며 시작한다. "…하지만 타조의 멍청함은 역시 놀랍다. 몸통이 그렇게 크면서 머리와 목을 덤불 속에 밀어 넣으면 몸 전체가 가려진다고 생각하다니." 모래가 아니라 덤불이기는 하지만, 형태만 다를 뿐이지 같은 속설이라는 걸 알 수 있다. 공교롭게도 플리니우스는 모래, 즉 화산 먼지 때문에 죽었다. 서기 79년에 폼페이를 폐허로 만든 화산 폭발 당시 베수비오 화산에서 뿜어져 나온 화산재 가스에 질식해 숨진 것이다.

펭귄이 북극곰과 친하다고?

북극곰과 펭귄이 함께 나오는 그림을 본 적이 몇 번이나 있는가? 추운 기후에 사는 이 두 동물은 수천 개의 크리스마스카드와 수없이 많은 어린이책에 등장하는 최고의 친구들이지만, 이 새와 곰이 어울려 놀 일은 절대 없다. 적어도 동물원 밖에서는 그렇다. 실제 세계에서 북극곰은 북극 대륙에 살고, 펭귄은 남극 대륙에 산다.* 두 동물은 야생에서 한 번도 만난 적이 없다. 그랬다면 디즈니가 두 동물의 놀라운 여정을 그린 가슴 따뜻한 영화를 만들었을 것이다.

두 동물이 '정반대' 극 지역에서 살아남을 수 있을까? 이건 그다지 바보 같은 질문은 아니다. 북극의 얼음이 빠른 속도로 녹고 있기에 '북극곰을 남극으로 공수한다'는 아이디어도 나왔다. 북극곰은 펭귄을 잡아먹으며 잘 살아갈 테지만, 펭귄은 육지에서 사는 포식자에 익숙지 않아 무방비 상태로 당할 것이다. 펭귄을 북극으로 옮기면 더 문제가 커진다. 소수의 펭귄 무리는

* 펭귄은 남반구의 추운 기후에 사는 종이라고 이야기했지만, 이 말 역시 엄밀하게는 사실이 아니다. 펭귄은 호주, 칠레, 갈라파고스 제도, 뉴질랜드, 남아프리카공화국 등 더 따뜻한 기후에서도 찾을 수 있다. 갈라파고스 제도는 적도를 가로지르며, 몇몇 펭귄은 북반구로 잘못 들어가기도 한다.

북극여우, 바다표범, 곰의 반가운 먹잇감이 될 것이다. 어떤 경우든 동물을 새로운 곳으로 옮기면 여러 문제와 예기치 못한 결과가 따라온다. 북극곰이 멸종 위기에 처해 있다고 해도(얼마 남지 않았다) 남극으로 옮기려면 엄청난 반대에 부딪힐 것이다.

펭귄은 유독 오해를 받는 동물인 것 같다. 조류에 대한 우리의 고정 관념을 깨며, 고립된 지역에서 살아가는 경향이 있어서일 것이다. 수중 수영에 더 없이 좋은 펭귄의 매끈한 몸을 보면 펭귄에게 깃털이 없다고 생각하기 쉽다. 실제로 펭귄은 대부분의 조류보다 깃털이 많으며, 9제곱센티미터당 최고 9개의 깃털이 있다. 펭귄의 깃털은 작고 빽빽하게 자라며 몸이 젖어 있을 때는 잘 보이지 않는다. 또한 놀랍게도 사실 펭귄은 다리가 길다. 깃털 달린 몸에 가려져 있지만 뼈대를 슬쩍 보면 알 수 있다. 다리는 수영에 최적화되어 있으며, 올림픽 자유형 수영선수보다 최고 네 배까지 빠른 속도로 헤엄칠 수 있다. 한편 걷는 데는 어설퍼서 특유의 뒤뚱거리는 걸음으로 걷는다.

펭귄이 넘어진다는 이야기를 들어 본 적이 있는가? 이에 관련된 속설이 많다. 아마도 펭귄은 비행기에 정신이 팔렸을지 모른다. 목을 길게 뽑고 지나가는 비행기를 따라가려다 뒤로 넘어지고 만 것이다. 영국 공군 조종사들은 1982년 포클랜드 제도를 놓고 영국과 아르헨티나가 분쟁을 벌이는 동안 이 펭귄 수천 마리를 나자빠지게 하는 데 재미를 들였을 것이다. 에든버러 동물원은 '펭귄 세우미'를 고용해 비행기가 근처 공항에 착륙하러 들어올 때마다 넘어지는 펭귄을 일으켜 세운다고 한다. 이건 모두 사실이 아니다. 2001년 영국 남극 조사단은 극지의 야생동물에게 소음이 미치는 영향을 연구하면서 이 말이 사실인지 확인했다. 펭귄은 헬리콥터가 등장하자 동요하는 듯했으나 한 마리도 넘어지지는 않았다. 펭귄을 일으켜 세워 줄 필요는 없어 보인다.

펭귄이라는 이름마저 약간의 오해가 있다. '펭귄'이라는 단어는 원래 지금은 멸종한 큰바다쇠오리를 가리키는 말이었다. 큰바다쇠오리는 날 수 없으며 하얀색과 검은색이 섞인 깃털을 가지고 있었다. 적도를 횡단하던 유럽 탐험가들은 큰바다쇠오리와 비슷하게 생긴 새들을 발견하고, 큰바다쇠오리 종류일 것이라고 짐작했다. 그래서 그 새들 역시 펭귄이라고 이름 붙였다. 생김새가 비슷하기는 하지만, 큰바다쇠오리와 펭귄은 별 연관이 없는 종이다.

극지의 규칙에 대해 하나 더 이야기해야겠다. '북극곰은 북극에 살며 펭귄은 남극에 산다'고 흔히 이야기한다. 사실이 아니다. 있다고 해도 실제 극지방까지 가는 북극곰은 거의 없다. 극지는 늘 바다 얼음으로 뒤덮여 있지만, 북극 해안 주변 곰의 주요 사냥 지역에서는 멀리 떨어져 있다. 북극곰은 육지 가까이 붙어 있으며 바다 얼음이나 바다 위 80킬로미터 이상까지는 가지 않는다. 반대로 남극의 펭귄은 바다 근처에서 산다. 극지방은 바다에서 최소한 150킬로미터는 떨어져 있으며, 결코 펭귄이 살지 않는다.

오리의 울음소리는 메아리치지 않는다?

내가 책에서 검증하고 있는 모든 의심스러운 주장 중에 가장 말도 안 되는 주장이 있다. 오리의 울음소리가 메아리치지 않는다는 이야기는 인터넷에서 자주 보이는 허위 정보다. 사실 검증이나 의심 없이 지겹도록 되풀이되는 이야기다. 거의 늘 같은 말로 설명되어 있다. '오리의 꽥꽥 소리는 메아리치지 않는데, 그 이유는 아무도 모른다.'… 이 도시 신화는 심지어 엉터리 상식의 진실을 밝히는 영국 텔레비전 프로그램의 제목이 되기도 했다.

잠깐만 생각해 보면 환상을 깰 수 있다. 왜 모든 소리가 모든 표면에 튕겨 울리지 않을까? 물리학의 법칙을 거스른다. 오리 소리가 특이한 음성적 특성을 가지고 있다 하더라도 해명이 필요하지 않을까? 어떤 오리? 오리 종류는 150종이 넘으며, 그 안에 또 수백 개에 이르는 오리 품종이 있다. 수컷과 암컷은 다른 소리를 내기도 한다. 이 잡다한 오리종은 전부 메아리치지 않는 꽥꽥 소리로 울지만, 거위와 백조 같은 종은 크고 듣기 좋은 소리를 낸다는 말일까? 사실 근거 없는 헛소문이다. '고집 센 청둥오리'처럼 끈질긴 유언비어다.

이 근거 없는 이야기에 호기심이 생긴 음향 연구자들이 연구를 진행했다. 오리의 꽥꽥 소리는 다른 모든 소리와 마찬가지로 메아리가 울린다. 이런 오해가 생긴 까닭은 대개 오리의 꽥꽥 소리가 충분히 크지 않아서 우리가 메아리를 듣기 힘들며, 오리가 사는 자연환경이나 도심 환경에 소리를 반사할 만한 단단한 바닥이 없는 탓이다. 이런 한계는 운하가 있는 도시에 사는 경우 쉽게 사라진다. 운하 다리 아래에 서 있으면 얼마 안 가 오리 소리가 메아리로 울려 퍼지는 걸 마음껏 들을 수 있을 것이다.

올빼미는 머리를 360도 돌릴 수 있다?

올빼미는 신경 쓰이는 일이 있어도 눈알을 굴려 곁눈질하지 못한다. 절망해 하늘을 올려다볼 수도, 낙담해 아래를 내려다볼 수도 없다. 올빼미는 눈알을 굴리지 못한다. 엄밀히 말해 굴릴 수 있는 '눈알'이 없다. 올빼미의 눈은 둥근 모양이 아니라 앞뒤로 길쭉한 튜브 또는 종처럼 생겼다. 그런 형태의 눈이 눈구멍에 박혀 있어 눈알을 굴릴 수가 없다. 고개를 돌려야 다른 곳을 볼 수 있다.

이러한 신기한 특성 덕에 올빼미는 머리를 놀라운 각도로 돌릴 수 있는 특별한 능력을 얻었다. 누군가는 주워들은 말로 올빼미가 고개를 360도로 회전할 수 있다고 말할지도 모른다. 전혀 사실이 아니다. 올빼미는 여전히 놀라운 각도인 270도, 그러니까 한 바퀴의 4분의 3까지 머리를 돌릴 수 있으며 360도 회전하지는 못한다. 인간은 불과 90도 정도밖에 시선을 돌릴 수 없다. 조지 클루니가 바로 옆을 지나간다 해도 말이다. 더 돌렸다가는 목이 부러지고 혈액 순환이 멈출 것이다.

올빼미는 몇 가지 특별한 몸 구조 덕분에 그럴 일이 없다. 올빼미의 목에는 인간의 목보다 경추가 두 배 더 많다. 덕분에 훨씬 더 유연하게 목을 회전한다. 혈류 문제는 올빼미의 경동맥이 포유류의 경동맥보다 척추와 회전축에 더 가까이 붙어 있어 어느 정도 해결된다. 모든 조류가 그렇긴 하지만, 특히 올빼미는 경동맥 주변에 공간이 많고 혈관도 더 많아 목을 회전하는 동안 피가 공급되는 다른 통로가 확보된다는 차이가 있다. 머리를 270도 회전했을 때도 혈액은 계속 공급되지만, 어떤 올빼미도 머리를 360도 회전하지는 못한다.

올빼미에게서 지혜를 빼앗아 올 수 있을까? 어느 정도는. 올빼미는 고대부터 지혜의 상징이었다. 지성과 지혜의 여신 아테나는 늘 올빼미를 데리고 다니는 모습으로 그려진다. 올빼미의 지혜는 오늘날에도 책과 만화에서 묘사되는 특징이다. 올빼미가 교수의 사각모를 쓴 그림을 많이 보지 않았는가? 하지만 이상하게도 올빼미는 몸집이 비슷한 다른 새들보다 지능이 낮아 보인다. 지능에 대한 연구가 많이 이루어지지는 않았지만, 올빼미는 까마귀나 앵무새에 견줄 만한 인지 능력을 보여 준 적이 한 번도 없다.* 게다가 올빼미는 똑똑하다고 널리 알려진 새도 아니다. 인도에서는 부패의 상징이자 멍청한 새로 여겨진다.

올빼미 200종 전부가 야행성은 아니다. 상당수는 해가 지면 활동한다. 어스름한 빛에 사냥한다고 할 수 있다. 심지어 쇠부엉이와 같은 한두 종은 낮에 나가서 먹잇감을 찾는다. 게다가 밤에 사냥하는 종은 올빼미만이 아니다. 수십 종의 새가 달빛 아래 사냥하는 걸 좋아한다. 쏙독새, 흰눈썹뜸부기, 나이팅게일, 누른도요새, 돌물떼새가 대표적이다.

* 까마귀와 앵무새 모두 기억력이 비상하며 흉내를 잘 내고 도구를 잘 쓴다. 멍청하다는 의미의 '새대가리'라는 말을 이 두 새에게 쓰면 명예 훼손이다.

칠면조가
튀르키예에서 왔다고?

파란색 얼굴, 목줄과 육수라고 불리는 진홍색 목주름이 특징인 칠면조는 농장 마당에서 가장 독특한 동물이다. 그럼에도 칠면조는 정체성의 위기를 수차례 겪었다.

덩치 크고 식성 좋은 칠면조turkey의 원산지는 튀르키예Turkey가 아니다. 튀르키예, 아니 실제로 유럽 사람 그 누구도 500여 년 전에는 이 새를 본 적이 없었다. 칠면조는 아메리카 대륙에서 건너온 새다. 크리스마스와 추수감사절에 먹는 영국산 칠면조는 멕시코 중부가 원산지인 한 야생 칠면조 아종의 후손이다.

칠면조는 2000여 년 전에 가축으로 사육됐지만, 유럽인들은 1520년대에 스페인군이 침략해 들어오기 전까지는 칠면조 고기를 맛보지 못했다. 이 정체불명의 새는 곧 대서양 건너편으로 수출되었다. 16세기 말, 칠면조는 셰익스피어의 〈십이야〉에 언급될 정도로 널리 퍼졌다. "저렇게 생각에 잠겨 있는 꼴이 정말 보기 힘든 칠면조야. 깃을 추켜세우고 우쭐거리는 꼬락서니라니!"

그렇다면 칠면조의 영문명 'Turkey'는 어디서 유래했을까? 다른 새로 착각한 데서 유래했다는 설이 유력하다. 영국인들은 칠면조를 이미 아메리카 대륙에서 들어와 튀르키예 상인들의 손에 거래되고 있던 뿔닭으로 착각했던 것 같다. 다른 여러 나라에서도 칠면조의 출신지를 오해했다. 칠면조를 가리키는 튀르키예어는 힌디hindi다. 칠면조에 해당하는 프랑스어 당드dinde도 비슷한데(당드는 프랑스어로 '인도 닭poule d'Inde'의 줄임말이다), 둘 다 '인도'라는 단어가 들어가 있다. 말레이시아인들은 칠면조를 '네덜란드 닭'이라고 부른다. 그리스인들은 '프랑스 닭'이라고 부른다. 계속 이런 식이다.

까치는 반짝이는 물건을 자주 훔친다?

최소 한 편의 오페라, 유명한 《땡땡의 모험》 이야기, 코미디 프로그램 〈미스터 빈〉 에피소드, 그리고 수없이 많은 가벼운 형사 극에는 모두 공통적인 이야기가 나온다. 바로 까치가 범인인 사건이다. 화려하지만 새된 소리를 내는 까치는 반지, 보석, 안경 같은 반짝이는 물건으로 훔치기로 악명이 높다. 다이아몬드 목걸이를 훔친 건 가정부가 아니라 까마귀과의 새, 바로 까치였다.

까치가 훔친 장신구를 모두 찾지 못한 건 아니다. 2008년, 영국 셰필드에 사는 한 여성은 창턱에 올려 뒀던 5000파운드짜리 약혼반지를 잃어버린 지 3년 만에 찾았다. 그녀의 파트너가 나무를 베다가 까치 둥지 안에서 반짝이는 반지를 발견한 것이다. 그런 이야기는 흔치 않다.

까치는 똑똑하고 호기심이 많은 새다.* 가끔 반짝이는 물건을 가져가지만, 화려한 보석에 집착하지는 않는다. 유튜브에 'magpie steals'(까치가 훔친 물건)이라고 검색하면 옷걸이, 음식, 지폐, 펜 등 훔친 물건들 목록을 확인할 수 있

* 생각하는 것만큼 크지는 않지만 길고 어두운 꼬리와 까마귀를 닮은 생김새 덕분에 까치는 몸집이 커 보이는 착시를 일으킨다. 하지만 왕립조류보호협회RSPB에 따르면 까치의 체중은 대개 산비둘기의 절반 정도다.

다. 담배와 마리화나가 그중 가장 인기 있는 사냥감인 듯하다. 최소 여섯 편의 영화에 까치에게 담배를 빼앗긴 불운한 행인이 등장한다.

과학계가 그 문제에 뛰어들었다. 2014년 영국 연구자들은 '까치'의 약탈 방식을 알아봤다. 그리고 까치가 반짝이는 물건을 못 본 척 지나쳤다는 사실을 발견했다. 실제로 까치는 그런 물건이 근처에 있을 때는 먹이를 잘 먹지 않았다. 보석 도둑이라는 평판은 '확증 편향' 때문인 것 같다. 까치는 다양한 물건을 훔친다. 우리는 까치가 훔친 물건이 음식이나 쓰레기일 때는 신경을 쓰지 않는다. 까치가 귀중한 물건을 슬쩍할 때는 당연히 신경을 곤두세운다.

서양 문화권에서 까치는 대표적인 미신의 대상이다. 한때 사람들은 까치 옆을 지나갈 때 모자를 벗어서 들어 올렸다. 예전에는 흔했지만 지금은 보기 드문 관습이다. 테가 있는 모자를 쓰는 사람과 미신을 믿는 사람 모두 크게 줄었기 때문이다. 어떤 사람들은 지금도 까치에게 경례를 하거나 '까치 씨, 좋은 하루'라고 인사를 건넨다. 그리고 서양에는 만나는 까치 수를 세서 미래의 운을 점칠 수 있다는 말이 있다. '까치 한 마리를 보면 불행이 찾아오고, 두 마리를 보면 행운이 찾아온다'는 말은 1780년쯤 처음 기록되었지만, 훨씬 이전부터 있었던 구전 전통이었을 것이다. 내가 보기에 까치 수와 행복의 상관관계에 대한 과학 조사가

이루어진 적은 없으므로 이 구전이 틀렸다고 확실하게 반박할 수가 없다. 마지막으로 가장 잘 알려진 까치 노래(영어권에서 아이들에게 불러 주는 전래 동요로 까치 수를 세면서 부르는 노래)의 가사를 살펴보자. 각 목록을 직접 알아보고 싶을 수도 있으니까.

까치 한 마리를 보면 불행이 찾아오고,
두 마리를 보면 행운이 찾아오지,
세 마리를 보면 딸이 생기고,
네 마리를 보면 아들이 생겨,
다섯 마리를 보면 은화를 얻고,
여섯 마리를 보면 금화를 얻지,
일곱 마리를 보면 누구에게도 말하면 안 되는 비밀이 생겨,
여덟 마리를 보면 소원이 이루어지고,
아홉 마리를 보면 키스를 하게 되고,
열 마리를 보면 새 한 마리가 찾아와.
그러니 까치를 놓치면 안 돼.

새끼 새를 손으로 만지면 안 된다?

어떤 속설은 건강에 해롭다. 가령 '백신을 맞으면 자폐증에 걸릴 수 있다'는 근거 없는 이야기를 믿고 부모들이 백신 접종을 거부해 아이들이 홍역에 걸려 큰 고통을 받는 경우가 있다. 어떤 속설은 무해하다. '오리의 꽥꽥 소리가 메아리치지 않는다'는 말을 믿어서 해를 입은 사람은 없다. 또 드문 경우지만, 널리 퍼져 세상을 더 나은 곳으로 만드는 속설도 있다.

'아기 새를 손으로 만지지 말아야 한다'는 속설이 그런 경우일 것이다. 부모 새는 인간의 악취를 감지하고 오염된 새끼 새를 버릴 것이라고들 한다. 사실은 그렇지 않다. 평범한 인간의 냄새를 충분히 감지할 만한 후각을 가진 새는 거의 없다. 까치의 똥을 주물럭거리거나 향수를 뿌리는 중이 아니라면 사람의 존재는 무시될 것이다. 게다가 대부분의 새는 새끼와 끈끈한 유대 관계를 맺으며, 그 관계가 한 인간의 행동으로 단절되진 않을 것이다.

하지만 그럼에도 우리 대부분이 야생 조류의 새끼를 만지지 말아야 하는 다른 이유는 많다. 함부로 만지면 새를 다치게 하거나 둥지를 망가뜨릴 수 있다. 적어도 새끼 또는 둥지에 돌아온 부모 새를 놀라게 할 수 있다. 그리고 당연히 위험한 둥지에 올라가는 사람은 큰 사고를 당할 위험이 있다. 아마도

'버림받는 새끼 새'에 대한 잘못된 정보 덕분에 다행히도 많은 새가 오랫동안 남자아이들의 손아귀에 들어가지 않을 수 있었다.

둥지 밖에서 발견되는 새는 어떻게 된 걸까? 길바닥에서 이제 막 태어난 새끼를 발견하는 일이 드물지 않게 있다. 아주 자연스러운 일이다. 새끼 새는 새롭게 익힌 움직임에 적응 중인 단계다. 왕립조류보호협회는 아예 접근하지 말라고 권고한다. 부모 새가 근처에서 먹이를 찾거나 가지에서 지켜보거나 인간이 돌아가길 기다리고 있을 확률이 높기 때문이다. 새를 옮겨 줘야 하는 상황은 부상을 입었거나 차량이나 반려동물에 위협받는 상황처럼 눈앞에 닥친 위험이 있을 때뿐이다. 손안에 있는 새 한 마리보다 풀숲에 있는 새 두 마리가 낫다.

비둘기가 날개 달린 쥐라고?

비둘기는 우리가 사는 도시에 너무 흔해서 우리는 좀처럼 눈길을 주지 않는다. 그게 아니면 비둘기를 대놓고 욕한다. 우리가 보는 비둘기는 발톱이 마디지고 깃털이 구겨진 더럽고 오염된 새다. 버릇없고 뻔뻔하며 몸집이 작은 새들을 몰아내고 먹이를 향해 돌진한다. 심지어 소풍 나온 사람들이 안 보는 사이에 샌드위치를 훔치기도 한다. 또, 갑작스럽게 덮쳐 들고 무리 지어 다니고 똥을 싸대고 사람들의 건강을 위협한다. 날아다니는 쥐다.

도시의 비둘기는 이런 식으로 모함을 받는다. 하지만 비둘기의 반사회적인 행동의 이면을 들여다보면 비둘기는 정말 놀라운 존재다. 비둘기는 수백 년 전 처음으로 사육되었다. 거리에서 모이를 쪼며 돌아다니는 비둘기들은 과거 어느 때에 무리를 떠나 가축화된 조류의 후손이다. 모든 비둘기의 원래 조상은 바위비둘기다. 바위비둘기는 지금도 집비둘기와 같은 종으로 여겨지며, 쉽게 이종 교배가 가능하다.

이 가축화된 비둘기는 유난히 뛰어난 길 찾기 능력을 제일 잘 보여 준다. 비둘기를 집에서 수백 킬로미터 떨어진 낯선 위치에 데려다 놓으면 비둘기는 집을 찾아 돌아온다. 비둘기는 지구의 자기장을 감지할 수 있으며, 태양의 위치를 따져 집으로 돌아오는 경로를 정한다. 우리 인간은 기술에 의존하지 않고는 못하는 일이다.

비둘기의 놀라운 능력은 수많은 인간의 목숨을 구했다. 두 번의 세계 대전 동안 전서구 비둘기는 적이나 점령 지역에 대한 기밀 정보를 전달하는 역할을 했다. 영국 공군 비행기는 매번 비둘기를 태우고 다녔는데, 비행기가 추락하면 날아가 구조대에 소식을 알리기 위해서였다.

그중 가장 유명한 전서구 비둘기는 셰르 아미Cher Ami였다. 제1차 세계 대전 기간에 셰르 아미는 미 육군 통신대와 함께 프랑스에 발이 묶였다. 파견대는 손 쓸 도리 없이 갇히고 적으로 오인한 연합군과 적군에게 집중포화를 당했다. 군대는 희망을 품고 비둘기를 보냈지만, 처음 파견한 두 마리는 총을 맞고 죽었다. 세 번째로 보내진 셰르 아미는…… 그나마 운이 좋았다. 용감한 셰르 아미는 가슴에 관통상을 입고, 한쪽 눈을 실명했으며, 한쪽 다리는 거의 잃었다. 그럼에도 본부까지 날아가 포위당한 군사들의 편지를 전달했다. 아군의 폭격이 멈췄고, 구호물자가 전달됐고, 194명은 목숨을 건졌다. 셰르 아미는 몇 달 뒤 부상 후유증으로 사망했다. 이 영웅 비둘기는 박제되어 후세에 이름을 남겼다. 박제 처리를 하는 동안 박제사는 셰르 아미가 수컷이 아니라 암컷임을 알게 됐다. 셰르 아미의 이름은 'Cher Amie'라고 표기했어야 했다. (프랑스어로 친구를 뜻하는 단어 'ami'(아미)는 남성형 명사이며, 여성형은 amie라고 적는다)

1943년 제정된 '디킨 메달'은 '군대나 민방위대를 위해 일하거나 협력하는 동안 눈에 띄는 용맹함을 보여 주거나 임무에 충실했던 동물'에게 수여된다. 메달 수여 조건은 다소 인간 중심적인 면이 있다. 비둘기가 임무에 충실한 건 차치하고 임무라는 개념을 알기는 할까? 그럼에도 디킨 메달은 전쟁에서 비둘기가 한 중요한 역할을 전면에 내세웠다. 1940년대에 수여된 54개 메달 중 18개는 개, 3개는 말, 1개는 해군함에 승선했던 용맹한 고양이, 그리고 무려 32개가 비둘기에게 돌아갔다.

다음에 비둘기를 보고 험한 말이 나올 것 같으면 이 '날개 달린 쥐'가 수호천사이기도 하다는 사실을 떠올려 보라.

빵은 새의 몸에 해롭다?

논란이 많은 이야기다. 아득한 옛날부터 인간은 우리의 깃털 달린 친구들을 위해 바닥에 먹이를 뿌렸다. 영국 배우 필 대니얼스가 영국의 록밴드 블러의 브릿팝 히트곡 〈파크라이프Parklife〉에서 읊조린 것처럼 새에게 모이를 주는 행위는 우리에게 엄청난 행복감을 준다. 그 행복감은 메리 포핀스의 이야기만큼이나 큰 힘이 있어서 결국 빵 부스러기 한 봉지를 사서 새에게 모이로 주게 만든다. 하지만 대가는 무엇일까?(빵 부스러기 한 봉지 가격을 말하는 게 아니다)

최근 새에게 모이를 주는 행위가 옳은지를 놓고 논란이 제기됐다. 공원에 이런 안내문이 붙기 시작했다. "새에게 모이를 주지 마시오." 비둘기가 떼 지어 모여 있으면 소음과 똥 때문에 눈살이 찌푸려진다. 심지어 런던 시장은 트라팔가 광장에서 비둘기에게 모이를 주는 행동을 금지하며 런던의 오랜 전통을 없애버렸다. 빵 부스러기를 오리나 다른 물새에게 던지는 행위는 특히 금기시된다. 그리고 안내문에 따르면 쌀을 주면 오리의 배가 터진다고 한다.

여기서 짚고 넘어가야 할 이야기가 많다. 지금 바로 이야기하고 싶은 건 우리가 트라팔가 광장에 있지 않는 한 새에게 약간의 모이를 주는 건 아무 문제가 없으며, 선량한 행동이라는 것이다. 특히 겨울에 씨앗이나 채소, 견

과류를 바닥에 뿌리면 기분이 좋아진다. 빵은 좀 더 문제가 복잡하다. 빵 부스러기 몇 개는 새에게 해롭지 않다. 몇몇 공원 안내문에서는 해롭다고 하겠지만 모두 상황에 따라 다르다.

빵은 물론 자연적인 음식이 아니다. 일부 인간을 포함한 많은 동물은 밀가루 제품을 잘 소화하지 못한다. 우리 중 누구도 가공된 밀가루를 먹도록 진화하지 않았다. 그럼에도 대부분의 새들과 인간은 빵을 먹음으로써 몇 가지 이점을 얻는다. 빵에는 탄수화물과 비타민, 칼슘이 풍부하게 들어 있기 때문이다. 빵은 오리에게 최상의 음식은 아니지만 아주 나쁜 음식도 아니다. 문제는 과식이다. 영국의 수로 관리 업체 '캐널 앤드 리버 트러스트'가 2015년 조사한 결과에 따르면 매년 잉글랜드와 웨일즈에서만 오리에게 던져지는 빵조각이 약 600만 개에 이른다. 이렇게 던져지는 빵이 많다 보니 새들은 빵을 너무 많이 먹어 더 건강한 음식에 별로 식욕을 느끼지 않는다. 그 결과 영양실조가 생긴다. 게다가 인간은 오래된 빵을 새에게 던지는 경향이 있는데, 이런 빵은 곰팡이가 피고 건강을 해칠 수 있다.

하지만 가장 큰 문제는 먹지 않고 남겨지는 빵이다. 남은 빵 조각은 해충을 불러오고, 여과 장치를 막고, 썩어서 조류를 번식시킨다. 이 모든 것이 호수나 강의 전반적 건강에 해롭다. 영국의 왕립조류협회를 포함해 야생 동식물 전문가들은 귀리, 옥수수, 콩처럼 더 영양분이 많고 자연적인 음식을 던지라고 권한다.

쌀은 어떨까? 조리하지 않은 쌀알은 새의 위 안에서 팽창해 새를 죽음에 이르게 하고 심지어 위를 파열시킨다고도 전해진다. 알록달록한 쌀을 던지는 결혼식 하객들은 오리 살해 공범이다. 이 이야기가 사실처럼 널리 퍼져 있지만 전혀 근거 없는 속설이다. 집에서 직접 확인해 볼 수 있다. 쌀 한 톨을 밤새 물에 담가 놓으면 크기가 거의 그대로임을 알게 될 것이다. 실제로 일반적인 새 모이는 물에 넣어뒀을 때 더 잘 불어나지만 쌀은 물에 삶았을 때만 크기가 부풀어 오른다. 어떤 새도 위장의 온도를 부글부글 끓일 정도로 높일 수는 없다. 게다가 새는 논에서 자라는 낟알을 행복하게 먹고도 부작용이 없다. 실제로 어떤 새는 벼농사를 짓는 농부들에게 해충 취급을 당하기도 한다. 새가 생쌀을 먹어서 어디가 안 좋아졌다는 이야기를 들어본 적이 없다. 결혼식장에서 오리에게 쌀을 던지는 행위를 금지하면 물가는 깨끗하겠지만 오리에게는 아무 도움도 되지 않는다.

런던의 앵무새는 지미 헨드릭스가 풀어놓은 새다?

런던을 찾은 여행객들은 종종 요란스럽게 꽥꽥거리는 소리와 함께 녹색섬광을 봤다고 이야기한다. "당연히 앵무새는 아니겠지?"가 자연스러운 반응이다. 런던은 축축하고 구름이 잔뜩 껴 있고 스모그가 많다는 부당한 오명을 쓰고 있다. 앵무새처럼 이국에서 온 새는 이런 곳에서 일주일도 못 버틸 것이다.

그런데 사실은 버틴다. 그것도 많은 수의 앵무새가 버틴다. 런던의 앵무새, 더 정확하게는 목도리앵무는 수십 년간 런던에서 번성했고 지금은 런던에서 가장 흔한 새 중 하나가 됐다. 나는 켄싱턴 가든에서 팔을 활짝 펼치면 팔 위에 앵무새가 앉는 경험을 할 수 있는 곳을 발견하기도 했다.*

무서운 속도로 늘고 있는 앵무새를 잉글랜드 남동부 지역에서 볼 수 있으며, 벨기에 브뤼셀과 네덜란드 암스테르담에는 일부 사람들이 '걷잡을 수 없다'라고 이야기할 만큼 많은 앵무새가 산다. 실제로 앵무새는 리스본부터 로마까지 서유럽 전역의 도시에서 볼 수 있다. 나무가 많은 런던에 단연코 가장 많은 앵무새가 서식하고 있다.

---

* 〈런더니스트Londonist〉 유튜브 채널에 가면 사과만 들고 있어도 앵무새에게 에워싸이는 영상을 볼 수 있다.

인도가 원산지인 앵무새는 어떻게 이 대도시에 성공적으로 정착했을까? 어떤 새도 런던의 앵무새만큼 속설이 많지 않다. 어떤 사람들은 이 알록달록한 새가 1951년 험프리 보가트와 캐서린 헵번이 주연한 영화 〈아프리카의 여왕〉의 런던 서부 세트장에서 탈출했다고 말한다. 현실성이 없는 주장 같다. 그 영화에서는 앵무새를 한 마리도 볼 수 없을 뿐 아니라 앵무새를 야생에서 흔히 볼 수 있게 된 건 1980년대 들어서였기 때문이다.

가장 독특한 설명은 록스타 지미 헨드릭스가 1960년대 후반 카나비 스트리트에 번식용 앵무새 한 쌍을 풀어놓았다는 이야기다. 2015년 내가 헨드릭스의 전 여자친구 캐시 에칭햄에게 이 소문에 대해 질문하자 처음 듣는 이야기라는 답이 돌아왔다. 또한 수천 마리에 이르는 거대한 군집을 이루려면 두 마리보다는 많은 새가 필요하다. 진실은 더 평범할 가능성이 높다. 앵무새들이 새장에서 서서히 탈출했다는 설이다.

어디서 왔건 앵무새는 현재 런던 동물군에서 중요한 부분을 차지한다. 앵무새의 소음과 괴팍한 기질은 사람들을 사로잡는 동시에 화나게 한다. 개인적으로 이 앵무새는 전 세계의 말 많고 활기차고 다채로운 사람들이 찾는 도시 런던에 어울리는 상징처럼 보인다.

영화에 등장하는 동물 오류

할리우드는 '동물이 공격하는' 영화를 하도 많이 만들어 내서 이제 하나의 장르처럼 여겨질 정도다. 이런 영화에 등장하는 동물은 당연히 실제 동물보다 더 크고 포악하다. 믿기 힘든 이야기를 하는 게 영화의 역할이지만, 영화는 실제와 얼마나 다를까?

악어alligator : 〈앨리게이터〉(1980). 맨 처음 소개하는 영화 〈앨리게이터〉는 도시 괴담의 오랜 소재였던 동물이 도시 하수도에 사는 야생동물과 관련이 있다는 이야기를 전제로 한다. 여기서 말하는 도시는 시카고, 동물은 악어다. 현실성 없는 구성 장치 덕분에 악어는 시카고의 하수도에 득시글대는 쥐, 남은 피자, 오물 덩어리와 함께 상당한 양의 '성장 촉진제'를 먹어 치웠다. 몸집이 커진 이 말썽쟁이 야생동물은 시카고 길바닥 밑에서 11미터 길이로 자랐다. 성장 촉진제를 먹지 않은 실제 악어는 몸길이가 4.6미터를 넘지 않는다.(다음에 나오는 악어crocodile와 같이 우리말로는 둘 다 '악어'라고 번역되지만, 각각 엘리게이터과와 크로커다일과에 속하며 크로커다일이 앨리게이터보다 공격적이다)

아나콘다 : 〈아나콘다〉(1997). 아나콘다가 세계에서 가장 긴 뱀인 건 사실이지만, 영화에서처럼 12미터까지 자라는 건 사실이 아니다. 영화 속에서는 아나콘다가 초호화 배우들을 잡아먹으려 했지만, 인간을 집어삼킨 사건은 확인된 바가 없다.

개미: 〈뎀Them!〉(1954). '인간은 원자력 시대로 접어들며 새로운 세계로 향하는 문을 열었다. 이 세계에서 우리가 최종적으로 무엇을 찾게 될지는 누구도 예측할 수 없다.' 이것이 핵 방사능으로 비대해진 개미 집단에 대해 이야기하는 이 1950년대 B급 영화의 결론이다. 개미는 약 2.5미터 크기로 나오는데, 굳이 말하지 않아도 뒷마당에서 보는 어떤 개미보다 상당히 크다.

그리즐리 곰: 〈그리즐리Grizzly〉(1976). 숲으로 돌아가도 안전하다 싶은 바로 그 순간… 〈죠스Jaws〉의 아류작인 이 영화에서는 커다란 곰이 미국 국립공원 방문객들을 공포에 질리게 한다.

곰은 매년 두서너 명의 사망자를 낳기 때문에 엄청나게 과장되었을지라도 위협적인 존재다. 이 공격적인 곰은 키가 4.6미터로, 실제 그리즐리 곰보다 1.5배 정도 크다.

악어crocodile : 〈플래시드Lake Placid〉(1999). 아시아산 악어가 어떤 이유에선지 메인주에 나타났고, 덩치가 엄청나게 컸다. 영화 속에 나오는 몸길이 약 9.1미터에 달하는 악어는 필리핀에서 잡힌 6.2미터 길이의 세계에서 가장 큰 악어보다 1.5배 더 길다. 이 영화는 수많은 속편이 나왔는데, 제목이 부정확한 〈플래시드: 더 파이널 챕터〉(2012)도 그중 한 편이다.(〈플래시드〉 시리즈는 최종편이라 이름 붙은 이 영화 이후 두 편이 더 만들어졌다)

고릴라: 〈킹콩King Kong〉(1933). 괴수 영화라는 장르를 만들어 낸 영화다. 킹콩은 독특한 동물들이 서식하는 지도에도 없는 땅, 해골섬에 산다. 고릴라는 제각기 키가 다른 듯하지만, 영화 홍보 자료에는 생포된 이 유인원은 15미터가 약간 넘는다고 나온다.

백상아리: 〈죠스〉(1975). 내가 아는 한 이 영화 속 누구도 그 상어의 크기를 알려 주지 않는다. 하지만 스티븐 스필버그가 자신의 변호사 브루스 레이너에게 애정 어린 감사를 담아 '브루스'라고 이름 붙인 모델 상어의 크기는 7.6미터였다. 정확히 측정한 역대 가장 큰 백상아리는 6미터쯤 되는 암컷 상어였다.

메갈로돈: 〈메가로돈The Meg〉(2018). '큰 이빨'이라는 의미의 메갈로돈은 역대 가장 큰 상어다. 360만 년 전 멸종되지 않았더라면 분명 〈죠스〉의 주역이 되었을 것이다. 제이슨 스테이섬은 이 별로 특별할 것 없는 B급 영화에서 메갈로돈을 찾으려고 태평양 밑바닥을 뒤진다. 영화 속 메갈로돈의 몸길이는 거의 23미터로, 대왕고래와 비슷하다. 실제 몸길이는 15~18미터이며, 백상아리보다 세 배 정도 길었지만 제이슨 스테이섬을 애먹일 만큼 거칠지는 않았다.

양치기 개: 〈디그비, 더 비기스트 도그 인 더 월드Digby: The Biggest Dog in the World〉(1973). 몸집이 큰 동물이라고 해서 모두 인간을 갈가리 찢어 놓는 데 열중하는 건 아니다. 디그비는 우연히 실험용 성장 촉진제를 먹고 무서운 속도로 자라게 된다. 영화 마지막에 이르러 채석장을 가득 채울 정도로 몸집이 커진 이 양치기 개의 키는 주연 배우인 짐 데일스의 8배 정도 된다.

거미: 〈프릭스Eight Legged Freaks〉(2002). 이 전형적인 공상과학 영화는 '유독 폐기물이 거미를 돌연변이 거대 생물체로 만든다'는 오래된 플롯(〈뎀〉도 그렇다!)을 기반으로 주인공들이 100분 동안 달리고 비명을 지른다. 스칼릿 조핸슨의 흥미로운 커리어의 출발점이 된 영화이기도 하다. 가장 큰 거미는 콘수엘라라는 이름의 왕거미다. 왕거미는 야생에서 약 10센티미터까지 자라지만, 영화처럼 산업 폐기물에 노출되면 6미터까지 자랄지도 모른다.

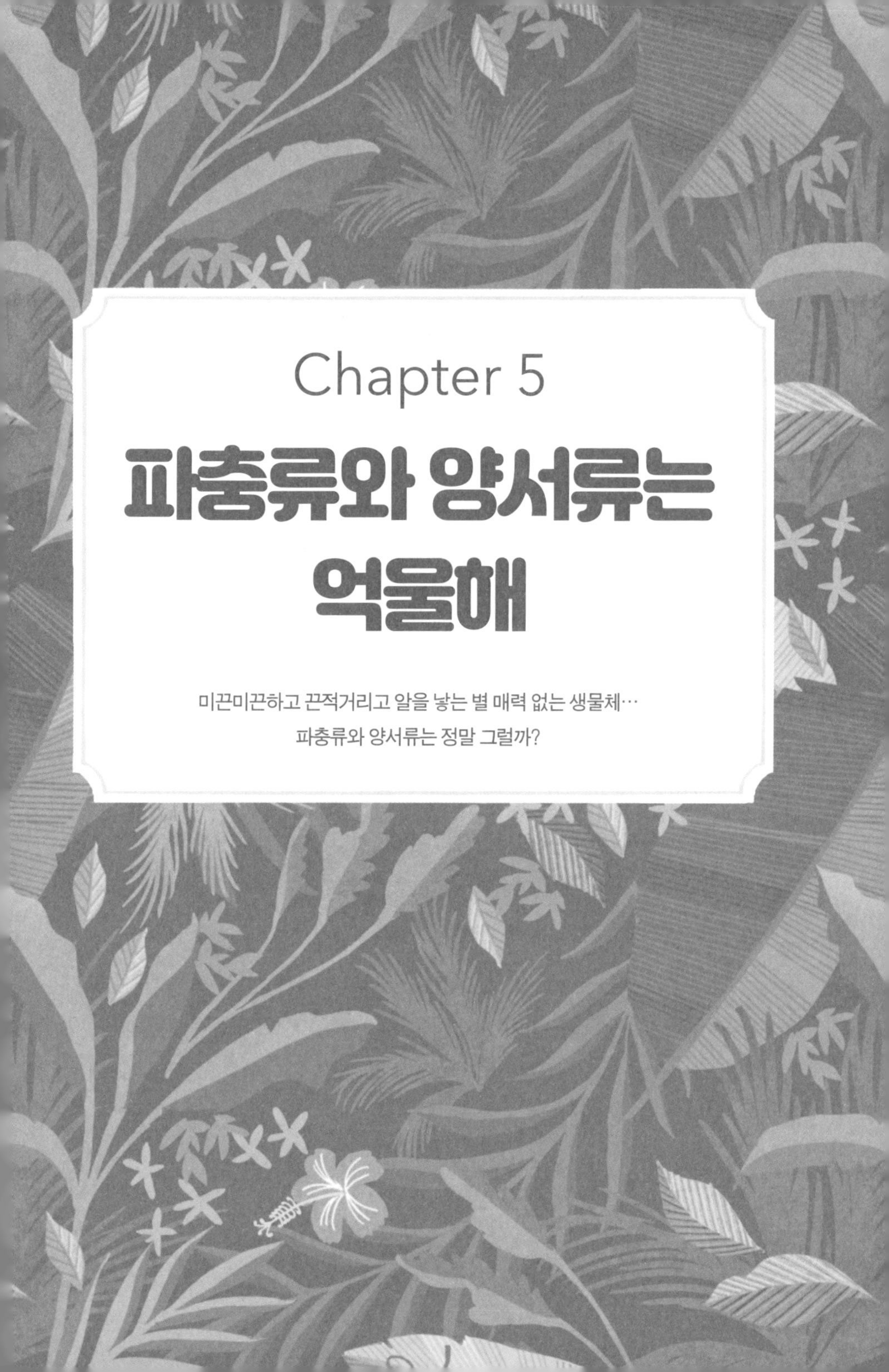

Chapter 5
파충류와 양서류는 억울해

미끈미끈하고 끈적거리고 알을 낳는 별 매력 없는 생물체…
파충류와 양서류는 정말 그럴까?

두꺼비를 만지면 사마귀가 생긴다?

두꺼비는 사람들에게 사랑받는 생물로 뛰어오르진 못했다. 이 끈적거리는 양서류는 개구리의 못생긴 사촌 정도로 취급받는다. 어떤 두꺼비종은 독을 품고 있고, 또 어떤 두꺼비종은 괴로울 정도로 시끄럽게 운다. 그보다 더 최악은 두꺼비가 독소를 분비하며 보기 흉한 사마귀로 뒤덮여 있다는 사실이다. 두꺼비는 조심히 다뤄야 한다.

하지만 우리는 안 좋은 평가를 받아 온 두꺼비를 새로운 눈으로 들여다봐야 한다. 두꺼비는 놀라운 생명체다. 종마다 각기 다른 재주를 가지고 있는 듯하다. 가령 피파두꺼비는 마치 위에서 누른 것처럼 몸이 납작한데, 대부분의 두꺼비종과 같은 방식으로 알을 낳지 않는다. 믿기 힘들겠지만 납작한 등을 부화장으로 쓴다. 알은 어미 등가죽에 난 작은 구멍 안에서 자란 뒤 어느 정도 성숙한 두꺼비로 자라면 어미 등을 뚫고 나온다. 한편 산에 사는 베네수엘라자갈두꺼비는 독특한 방어 기제를 쓴다. 위협을 받으면 몸을 공처럼 둥글게 말아 굴러떨어지는 자갈처럼 언덕 아래로 툭툭 떨어진다. 이처럼 특이한 생활 방식은 개구리 세계에서도 찾아볼 수 있다. 이름도 절묘한 패러독스개구리('패러독스'는 '역설'을 뜻한다)가 낳는 올챙이는 자랄수록 부모 개구리보다 몸집이 커진다. 올챙이는 부모의 몸길이보다 네 배까지 더 크게 자라다가 완전히 자라면 몸 크기가 줄어든다.

두꺼비는 인간의 뇌를 홀린 오랜 역사를 지니고 있다. 많은 두꺼비종이 인간에게 환각을 유발하는 독소를 분비한다. 수수두꺼비는 중앙아메리카가 원산지이지만, 무분별한 도입 정책 이후 오스트레일리아에도 그 수가 엄청나게 늘어났다. 이 두꺼비의 고막 뒤에서 나오는 우윳빛 독성 물질을 핥으면 한 시간 정도 약한 환각 상태를 경험하게 되며 다른 독소들 탓에 합병증이 올 확률도 높다. 콜로라도강두꺼비 역시 인간이 불법으로 취급하는 환각성 물질을 지닌 것으로 유명하다.

하지만 사마귀가 옮을 수도 있을까? 사마귀에 환각을 일으키지 않는 한 그럴 일은 없다. 사마귀는 인간 유두종 바이러스의 형태로 피부에 오톨도톨한 군살이 자라는 것이다. 인간 유두종이라는 바이러스의 이름이 단서다. 사마귀는 인간에게나 고통이다. 두꺼비의 몸에 난 '사마귀'는 완전히 다른 종류의 돌출물이다. 두꺼비의 이 작은 혹에는 포식자에 대한 방어 수단으로 독을 분비하는 독샘이 있다. 독샘은 두꺼비의 일반적인 생리 기능의 일부이며, 바이러스가 원인은 아니다. 우리가 두꺼비에게 사마귀가 옮을 확률은 우리가 두꺼비에게 충치를 옮길 확률과 같다. 그렇다 하더라도 두꺼비는 아주 조심해서 다뤄야 한다. 특히 독을 뿜는 두꺼비종은 각별한 주의가 필요하다.

개구리와 두꺼비는 뭐가 다를까? 이건 '유인원과 고릴라는 뭐가 다를까?'라는 질문과 같다. 두꺼비는 개구리의 한 종류이지만, 다른 생물 강은 아니다. 두꺼비가 대체로 더 사마귀가 많고 땅딸막하지만 늘 그렇지는 않다. 이 같은 외형적 차이는 구전으로 전해지는 비전문적인 정보이며, 반대되는 사례가 많아 확실치 않다. 단 하나의 특징이나 유전자, 신체 특성으로 개구리와 두꺼비를 구분할 수는 없다.

아무래도 연못 속 생물을 소개하는 지금 가장 악랄한 명예 훼손을 밝히는 게 좋겠다. 개구리는 거의 전 세계에서 '개굴개굴' 운다고 묘사된다. 심각하게 잘못된 것이다. 그 친숙한 울음소리는 캘리포니아에 서식하는 몇몇 청개구리종이나 낸다. 이 세계에서 지배적인 자리를 차지하는 또 다른 종은 바로 영화 제작자다. 캘리포니아주에 위치한 할리우드는 현지의 인재를 섭외하는 경향이 있어서, 캘리포니아 청개구리의 '개굴개굴'은 수많은 영화에서 흔히 사용되는 효과음이 되었다. 전 세계는 개구리가 '개굴개굴' 운다고 생각하지만, 실제로 개구리는 굉장히 다양한 소리를 낸다.

카멜레온이 위장을 위해서 피부색을 바꾼다고?

어떤 동물은 별별 특이한 특징을 다 가지고 있다. 가령 오리너구리는 포유류 중 보기 드물게 알을 낳고, 자기장을 감지하고, 〈007〉 영화 속 악당처럼 발목 안쪽에 독침이 달려 있으며, 완전히 제정신이 아닌 것처럼 보인다. 파충류 중에서 찾자면 확실히 카멜레온이 오리너구리와 비슷하다. 카멜레온은 신비한 능력을 가진 문어보다 더 많은 묘기를 지닌 동물이다.

160종의 카멜레온은 놀라운 능력 몇 가지를 보여 준다. 혀가 그중 하나다. 어떤 카멜레온은 지나가는 곤충을 잡기 위해 혀를 몸길이의 거의 두 배까지 늘릴 수 있다. 파리채 같은 카멜레온의 혀는 놀라운 속도로 휙 움직인다. 이때 혀를 뻗는 속도는 자동차가 0.01초만에 시속 0킬로미터에서 96.6킬로미터로 가속하는 속도와 같다. 몸을 웅크려 카멜레온의 혀끝에 타면 중력 가속도 50G의 힘을 경험할 수 있을 것이다(로켓 발사 시 우주 비행사가 느끼는 중력 가속도는 대개 3G에 불과하다).

아주 작은 구멍이 뚫린 눈 역시 놀랍다. 카멜레온의 시력은 파충류 중 가장 좋다. 무기 같은 혀를 정확하게 겨냥하려면 예리한 시력이 필요하다. 무엇보다 카멜레온은 두 개의 안구가 각각 360도로 돌아가는 것으로 유명하다. 카멜레온의 가시범위는 360도이며, 두 개의 다른 물체를 동시에 볼 수 있다. 어린 자녀를 둔 독자라면 탐낼 만한 능력이다.

이 특징은 카멜레온의 가장 유명한 특징과 불편하게 공존한다. 바로 피부색을 바꾸는 능력이다. 다들 사진으로 많이 봤겠지만, 카멜레온은 주변 환경에 맞게 피부색을 바꾼다. 모래 위에 있을 때 카멜레온의 피부색은 서서히 노란색으로 바뀐다. 나무껍질 위에서는 갈색으로 변한다. 풀밭 위를 지날 때는 초록색이 된다. 카멜레온의 피부색 변화는 눈부신 위장술이다.

하지만 우리가 모르는 이야기가 더 있다. 카멜레온이 몸 색깔을 바꾸는 이유는 포식자의 눈을 피하기 위해서도 있지만, 다른 이유가 더 크다. 가령 카멜레온은 몸의 색깔을 바꿔 다른 카멜레온들에게 도전장을 내민다. 색깔 변화는 짝짓기 의식의 일부이거나 경쟁 상대에게 항복을 표하기 위해서일 수도 있다. 기분이나 의사를 표현하는 것이지 몸을 숨기기 위해서가 아니다. 쉬고 있는 카멜레온은 보통 초록색이며, 혈기왕성하게 무언가를 할 때는 노란빛으로 바뀔지도 모른다. 냉혈 동물인 카멜레온은 햇빛의 세기에 따라서도 피부색을 바꾼다. 이른 아침에는 열기를 흡수하기 위해 더 짙은 색이 되었다가 정오에는 햇빛을 반사시켜 체온을 내리려고 피부색이 옅어진다. 피부색을 바꾸는 것에 위장의 목적이 전혀 없다고는 할 수 없지만 속설을 반박하는 웹사이트 중 절반은 그렇게 주장하는 것처럼 보인다.* 대부분의 카멜레온은 몸 색깔을 주변 색과 비슷하게 바꿀 수 있다. 심지어 난쟁이카멜레온종 하나는 눈앞에 어떤 포식자

* 한편 '놀라운 색깔 변화'를 보여 주려는 목적의 온라인 영상을 조심해라. 온라인에는 카멜레온이 알록달록한 물체에 반응해 무지갯빛으로 재빠르게 피부색을 바꾸는 조작된 영상이 많다.

가 있느냐에 따라 색을 다르게 바꾼다고 밝혀졌다. 새와 뱀이 보는 세상은 다르기 때문이다. 하지만 대개 피부색 변화는 카멜레온의 자연적 특성에 더 가깝다.

색깔을 바꾸는 능력은 피부 아래까지 미친다. 특히 마다가스카르카멜레온은 숨은 재능이 있다. 이 카멜레온의 뼈와 뼈 돌출부는 자외선을 쬐면 푸른 형광색을 띤다. 인간은 일반적인 상황에서 자외선을 감지할 수 없지만, 카멜레온은 가능하다. 이 사실이 밝혀진 건 2018년도이며, 피부 아래 형광색의 기능은 아직 밝혀지지 않았다. 한 가지 확실한 사실은 위장용은 아니라는 것이다.

마지막으로 카멜레온은 '몸 색깔을 바꿀 수 있는 동물 이름 대기' 투표에서 1위를 하겠지만, 몸 색깔을 바꿀 수 있는 유일한 동물은 결코 아니다. 갑오징어는 몸 색깔과 질감을 부지런히 바꾼다. 갑오징어가 게르하르트 리히터라면 카멜레온은 마크 로스코다.(둘 다 다양한 색채를 사용해 그림을 그린 것으로 유명한 회화 작가다) 갑오징어는 거의 즉시 색깔을 바꾸고, 빛과 어둠의 진동을 몸 전체에 보낼 수 있다. 갑오징어가 몸 색깔을 바꾸는 이유는 위장을 하고 다른 갑오징어와 대화하기 위해서다. 문어와 오징어 같은 두족류 동물은 보통 색깔을 바꾸는 나름의 능력이 있다. 이 외에도 색깔을 바꿀 줄 아는 생물은 더 있다. 개구리, 딱정벌레, 도다리, 해마 역시 피부색을 바꿀 수 있다. 카멜레온뿐이라고 생각했다면 지금쯤 얼굴이 빨개졌겠지.

보아뱀은 먹잇감을 질식시켜 죽인다?

뱀은 가장 많은 비방을 당하고 오해를 받는 동물 중 하나다. 교활한 뱀 때문에 아담과 이브가 에덴동산에서 추방된 이후부터다. 생김새는 그렇지만 뱀은 끈적거리지 않고 건조하며 비늘로 덮여 있다. 대부분의 뱀은 도발하지 않는 한 먼저 공격하지 않으며, 독이 있는 비율은 거주 지역에 따라 달라지지만 대개 다섯 중 하나만 독이 있다. 모두 알을 낳지도 않는다. 더 잘 알려진 어떤 뱀, 대표적으로 방울뱀, 대부분의 독사, 바다뱀, 아나콘다, 보아는 난태생동물이다. 즉 이들은 엄마 배 속에서 어느 정도 자란 뒤 태어나거나 새끼를 낳는다. 이런 오해 중 하나를 이번 편의 주제로 정할 수도 있었지만, 대신 뱀이 먹잇감을 조여 죽이는 방식에 집중해 보기로 했다.

보아*는 세계에서 가장 무거운 뱀도 가장 긴 뱀도 아니다. 보통은 세계에서 가장 큰 뱀인 그린아나콘다의 절반 크기밖에 되지 않는다. 독도 없다. 하지만 남아메리카가 원산지인 보아는 거의 모든 사람이 알고 있다. 그 이유는

* 여담이지만, 보아는 잘 알려진 현생 동물 중 유일하게 일반명이 라틴명과 동일하다.

보아가 반려동물로 인기가 높고, 패션계에 영감('깃털 보아')을 주고 있으며, 끔찍한 사냥 방식 때문이기도 하다. 보아는 사냥감을 몸으로 조여 질식시켜 죽인다고 한다. 몸으로 먹잇감을 똘똘 감은 뒤 점차 조인다. 이런 식으로 결국 먹잇감을 질식사시킨다는 것이다.

많은 책에 이렇게 쓰여 있겠지만 사실이 아니다. 먹잇감은 질식사하지 않는다. 보아의 조이는 힘이 하도 강하다 보니 뇌로 가는 혈액의 흐름이 막히는 것이다. 먹잇감은 곧 정신을 잃고 죽는다. 기도를 막아서 질식시키려면 시간이 더 오래 걸린다. 목이 졸린 동물은 산소를 들이마실 수는 없지만, 혈액은 계속 순환한다. 이미 혈액 속에 녹아 있는 산소를 마시며 몇 분 동안 공포에 질린 채 살아 있을 수도 있다. 혈액의 순환을 완벽하게 차단해 더 빨리 죽이면 뱀은 몸부림치는 먹잇감을 놓칠 위험이 줄어든다.

뱀에게 질식당해 통째로 삼켜진 불운한 인간에 대한 믿기 힘든 이야기도 전해진다. 보아는 그런 행동을 할 가능성이 낮다. 보아는 대개 너무 작아서 성인 인간을 공격하기 힘들고, 이론적으로 어린아이는 삼킬 수 있지만 확인된 기록은 없다. 보아는 인간을 물어 상처를 입힐 수 있지만, 독이 없고 중상을 입히는 경우는 거의 없다.

다른 뱀종이 인간에게 훨씬 더 위험하다. 미국에서는 매년 약 8000명이 뱀에게 물리고, 그중 다섯 명 정도가 죽는다고 질병예방통제센터는 보고한다. 방울뱀과 미국살무사가 주범이다. 전 세계의 총합은 훨씬 더 많다. 아프리카와 아시아의 시골 지역에서는 매년 수천 명이 뱀에게 물려 죽는다. 정확한 수는 확인할 수 없는데, 기록 관리가 잘 되지 않는 외딴 지역에서 치명상을 입는 사고가 많이 일어나기 때문이다. 세계보건기구는 사망자를 1만 명으로 추산하지만, 상당한 과소평가로 보인다. 카펫독사, 코브라, 우산뱀이 가장 치명적인 뱀이다.

대부분 치명적인 뱀의 공격은 물어서 독을 옮기는 것으로 시작하고 끝난다. 인간을 삼키는 뱀에 대한 확인된 기록은 다행히 드물지만, 일어나기는 한다. 2018년엔 한 인도네시아 여성이 그물무늬비단뱀에 통째로 삼켜져 사망한 사건이 있었다. 그 여파를 담은 끔찍한 장면은 인터넷에서 쉽게 찾을 수 있다. 뱀의 배를 갈라 보니 소화되지 않은 여성의 사체가 나온 적도 있다. 이번 세기에는 적어도 다른 이 두 사건이 확실히 기록되어 있다.

공룡에 관한 다른 의심스러운 속설들

좋은 쪽이든 나쁜 쪽이든 스티븐 스필버그는 동물에 대한 사람들의 인식에 역대 어느 동식물 연구가 못지않은 영향을 미쳤다. <죠스>는 상어에 대한 사람들의 인식에 영향을 줬고(혹은 주지 않았고), <쥬라기 공원Jurassic Park>은 공룡에 대한 인식에 거듭 영향을 미쳤다. 마이클 크라이튼의 소설이 원작인 영화 <쥬라기 공원> 시리즈는 오래전 멸종한 공룡을 들여다볼 수 있는 가장 유명한 창구다. <쥬라기 공원> 시리즈는 수많은 속설을 낳았고 그 속설을 사실처럼 만들었다.

우선 제일 잘 알려진 오류 하나를 바로잡아 보자. 바로 영화의 이름이다. <쥬라기 공원> 1편에 나오는 일곱 종류의 공룡 중 두 종류만이 쥐라기에 살았던 공룡이다. 트리케라톱스, 벨로키랍토르, 그리고 잊을 수 없는 티라노사우루스는 모두 후기 백악기의 공룡들이다. 이는 엄청난 연대기적 오류다. 티라노사우루스는 쥐라기가 끝나고 7700만 년 이후*에나 등장했다. 쥐라기보다 우주 시대에 더 가까운 시기에 살았다. 나는 여전히 이 사실이 놀랍다.

---

* 이 숫자는 어느 정도 조정이 필요하다. 모든 공룡종이 살았던 시기는 정확히 밝히기가 불가능하다. 더 오래된 뼈가 발견될 수도 있다. 또한 티라노사우루스 그리고 다른 모든 잘 알려진 현생 동물은 하룻밤 사이 짠 하고 마술처럼 등장하지 않았으며, 수십만 년에 걸쳐 비슷하게 생긴 조상에서부터 익숙한 형태로 진화했다는 사실을 기억해야 한다.

많은 사람이 '쥬라기 공원'이라는 이 미심쩍은 단어 선택을 그냥 지나쳤다. 어쩐지 이치에 맞지 않아 보인다. 그건 진짜 오류라기보다는 브랜드화를 위한 결정이다. 영화 〈백악기 시대〉는 느낌이 다르다. 게다가 현실의 테마파크 중 정확한 이름이 붙은 곳이 몇 군데나 되겠는가? 디즈니의 테마파크 매직 킹덤Magic Kingdom은 마법도 없으며, 자주 통치권도 없다. 시월드SeaWorld는 지구 전체가 아니라 겨우 물탱크 몇 개를 품고 있을 뿐이다.

〈쥬라기 공원〉의 공룡들은 현대에 재현한 것이다. 따라서 각기 다른 시대의 동물들이 이웃한 울타리 안에 사는 것은 아주 타당하다. 그런데 자기들이 사는 시대 안에서 공룡을 묘사하려 드는 이런 영화와 책, 그림이 뭐가 문제인가? 연대기적 오류는 찾자면 끝이 없다. 이미지 검색을 해 보면 쥐라기 후기에 살았던 공룡 스테고사우루스가 티라노사우루스와 싸우고 브론토사우루스가 트리케라톱스 위로 다가서는 아름다운 그림이 금세 나온다. 몇몇 영화, 그중 가장 유명한 〈공룡 100만 년One Million Years B.C.〉(1966)은 심지어 여러 시대가 뒤섞인 공간 속으로 비키니 차림을 한 인간을 던져 넣으며 극적 효과를 만들어 낸다. 어떤 인간도 살아 있는 공룡을 본 적이 없다(논란의 여지가 있는 예외에 대해서는 곧 이야기하겠다). 우리의 백악기 시대 조상은 여전히 덤불 사이를 뛰어다니며 나뭇가지를 씹고 있었다.

다음에 공룡 영화를 보면 같은 공간에 있어서는 안 되는 두 동물을 찾아보라. 아래 목록은 더 잘 알려진 선사 시대의 몇몇 공룡과 이 공룡들이 살았던 예상 시기다.

디메트로돈: 2억 9500만~2억 7200만 년 전 (페름기 초기)
플레시오사우루스: 2억~1억 7600만 년 전 (쥐라기 초기)
디플로도쿠스: 1억 6100만~1억 4500만 년 전 (쥐라기 후기)
브론토사우루스: 1억 5600만~1억 4700만 년 전 (쥐라기 후기)
스테고사우루스: 1억 5500만~1억 5000만 년 전 (쥐라기 후기)
아르카이오프테릭스(시조새): 1억 5100만~1억 4900만 년 전 (티톤세 초기)
익룡: 1억 5100만~1억 4900만 년 전 (티톤세 초기)
이구아노돈: 1억 2500만~1억 1300만 년 전 (백악기 초기)
벨로키랍토르: 7500만~7100만 년 전 (백악기 후기)
트리케라톱스: 6800만~6600만 년 전 (백악기 후기)
티라노사우루스: 6800만~6600만 년 전 (백악기 후기)
현대 인류: 20만 년 전~현재 (제사기)

나의 고향인 런던에는 아주 특별하고 유명한 공룡 전시물이 있다. 런던 남쪽 수정궁 공원이라는 곳에 멸종한 공룡의 모습을 딴 시멘트 조각상 여러 개가 놓여 있다. 이 조각들은 1852년에 제작되었으며, 가장 오래되었다고 알려진 공룡 조각상도 포함되어 있다. 거의 모든 조각상은 당시 지식이 부족한 탓에 몇 가지 해부학적인 결함이 있었다. 가족 방문객들에게 인기가 많은 이 조각상들은 보편적으로는 '수정궁 공룡'이라고 알려져 있는데 이것은 인식이 현실을 이긴 경우다. 서른 마리의 동물 조각상 중 네 마리만이 진짜 공룡이기 때문이다. 더 정확하게 말하자면 수정궁 포유류라 불러야 할 것이다. 포유류가 공룡보다 두 배 이상 많다.

왜 그럴까? 우리가 공룡이라고 생각하는 많은 생물을 과학자들은 공룡으로 분류하지 않는다. 익룡이 대표적인 예다. 하늘을 나는 이 파충류 익룡은 공룡과는 별도로 진화된 생물로 분류된다. 즉 익룡류에 들어간다. 수장룡이라 불리는 플레시오사우루스 역시 비슷하게 구분된다. 이 해양 파충류는 수영하는 공룡이 아니라 완전히 다른 동물 계통이다. 그리고 디메트로돈이라는 특이한 경우가 존재한다. 디메트로돈 역시 공룡 영화에 등장한 익숙한 공룡 중 하나다. 디메트로돈은 등뼈에서 곡선을 이루는 커다란 돛이 펼쳐지는 공룡이다. 생김새는 확실히 공룡 같지만, 디메트로돈은 공룡이 아니라 반룡이다. 약 4000만 년 전 더 유명한 공룡이 탄생하기 전에 멸종했다. 신기하게도 디메트로돈은 현대의 파충류보다 포유류와 더 가까운 친척이다.

우리가 얻은 공룡에 대한 지식 중 상당수는 〈쥬라기 공원〉 속 티라노사우루스가 사는 우리보다 더 불안정하다. 티라노사우루스를 예로 들어보자. 이 무시무시한 공룡은 대개 공룡의 왕이라고 일컬어진다. 실제로 티라노사우루스의 라틴명은 '폭군 도마뱀 왕'이라는 뜻이다. 티라노사우루스의 공격성을 부정할 수는 없다. 코뿔소 세 마리 정도의 무게가 나가면서 단거리 육상 선수처럼 빠르게 뛰어 먹잇감을 사냥하는 티라노사우루스는 실로 대단한 볼거리였다. 톱니 모양의 이빨은 최대 30센티미터 길이까지 자랐고, 무는 힘은 어떤 육상 육식동물보다 강했다. 하지만 우리의 머릿속에 있는 티라노사우루스는 실제와는 다를 것이다.

더 오래된 많은 일러스트, 영화 속 장면, 모형, 장난감은 이 도마뱀 왕이 꼬리를 바닥에 끌며 고질라나 캥거루처럼 똑바로 서 있는 모습을 보여 준다. 이는 틀렸다. 1970년대에 진행된 연구에 따르면 티라노사우루스의 머리와 등, 꼬리는 수평으로 길게 이어졌다. 〈쥬라기 공원〉은 티라노사우루스를 똑바로 선 모습으로 묘사한 최초의 주류 영화 중 하나였다. 그런 묘사는 티라노사우르스를 더 위협적인 존재로 만들 뿐인데, 무시무시한 턱이 인간의 키 높이에 오기 때문이다. 여전히 똑바로 선 티라노사우루스의 모습은 많은 사람의 머릿속에 남아 있으며, 대개 영화 〈쭈쭈 공룡 바니〉 속 바니, 영화 〈토이 스토리〉 속 렉스, TV 애니메이션 〈페파 피그〉 속 공룡처럼 장난감이나 만화 캐릭터에서 지속적으로 등장한다. '티라노사우루스 장난감'으로 이미지 검색을 하면 검색 결과의 절반이 꼬리를 바닥에 끄는 티라노사우루스다. 바비인형이나 액션맨을 네발로 기어다니는 모양으로 만드는 것만큼이나 잘못 만든 장난감이다.

성차별적인 단어에도 불구하고 티라노사우루스는 육식동물의 왕이 아니었다.(티라노사우루스의 이름 뒷부분의 'saurus'는 남성형이다) 체중과 키, 여러 면에서 그랬다. 지금은 스피노사우루스가 유명한 사촌인 티라노사우루스보다 키도 약간 더 크고 체중도 약간 더 나간다고 알려져 있다. 상대적으로 덜 알려진 스피노사우루스는 〈쥬라기 공원〉 3편에서 티라노사우루스와 대결한 끝에 티라노사우루스를 죽이며 15분간 반짝 주목받았다. 이 두 공룡은 기가노토사우루스, 카르카로돈토사우루스 등 한결 더 끔찍한 도마뱀들에게 당한 것 같지만, 화석 기록이 여전히 불분명해 확실히 알기는 힘들다.

물론 이 같은 소위 수각이목 공룡은 전부 브론토사우루스와 디플로도쿠스 같은 용각류 공룡에 비하면 덩치가 작다. 용각류 공룡은 채식 생활을 한 덕분에 몸집이 훨씬 컸다. 역대 가장 크고 무거운 육상 동물은 아마도 아르젠티노사우루스였을 것이다. 이번에도 화석 기록이 불완전하기 때문에 그 추정치는 사람마다 다르지만 이 거대한 동물은 족히 100톤에 달했을 것으로 추정된다. 이 무게 균형을 맞추려면 소 140마리는 필요할 것이다.

6500만 년 전 공룡이 멸종한 이유가 지금은 꽤나 설득력 있게 설명된다. 공룡은 소행성이 충돌한 뒤 아주 짧은 시간에 사라져 버렸다. 모든 사람이 소행성 충돌이 이유라는 데 동의하지는 않지만, 소행성 이론이 다른 이론들보다는 사실에 더 가깝다. 아마도 대멸종의 원인은 한 가지 이상이었을 것이다.

원인이 무엇이든 멸종을 '공룡을 전멸시킨 사건'으로 설명하는 것은 마치 타이타닉호 침몰 사고가 수많은 영국 부유층을 죽였다고 말하는 것과 다름없다. 맞는 말이지만 남은 사람들을 무시하는 말이다. 대멸종은 지구상에 있는 동물종의 약 절반과 수많은 식물종을 사라지게 만들었다. 플레시오사우루스 같은 사경룡이 물속을 헤엄쳐 다니거나 익룡이 날아다니는 일은 다시 없을 것이다. 화석으로 자주 발견되는 나선형 껍데기를 가진 연체동물 암모나이트는 무려 3억 5000만 년간 번성한 뒤 바다 아래로 가라앉았다. 완족동물, 해면동물처럼 이름을 떨치지 못한 다른 바다 생물은 치명적 피해를 입었다.

하지만 공룡 멸종에 대한 이 모든 대화에도 불구하고 완전히 멸종하지 않은 한 집단은 사실 공룡이다. 적어도 한 종류의 수각아목(티라노사우루스를 포함하는 공룡 계통)은 알 수 없는 이유로 대재앙에서 살아남았다. 그 후손들은 점점 깃털이 생겨났고 결국 조류가 탄생했다. 전 세계 모든 사람이 동의하지는 않았지만, 공룡은 오늘날에도 나뭇가지와 굴뚝 꼭대기 통풍관 사이에 살아 있다.

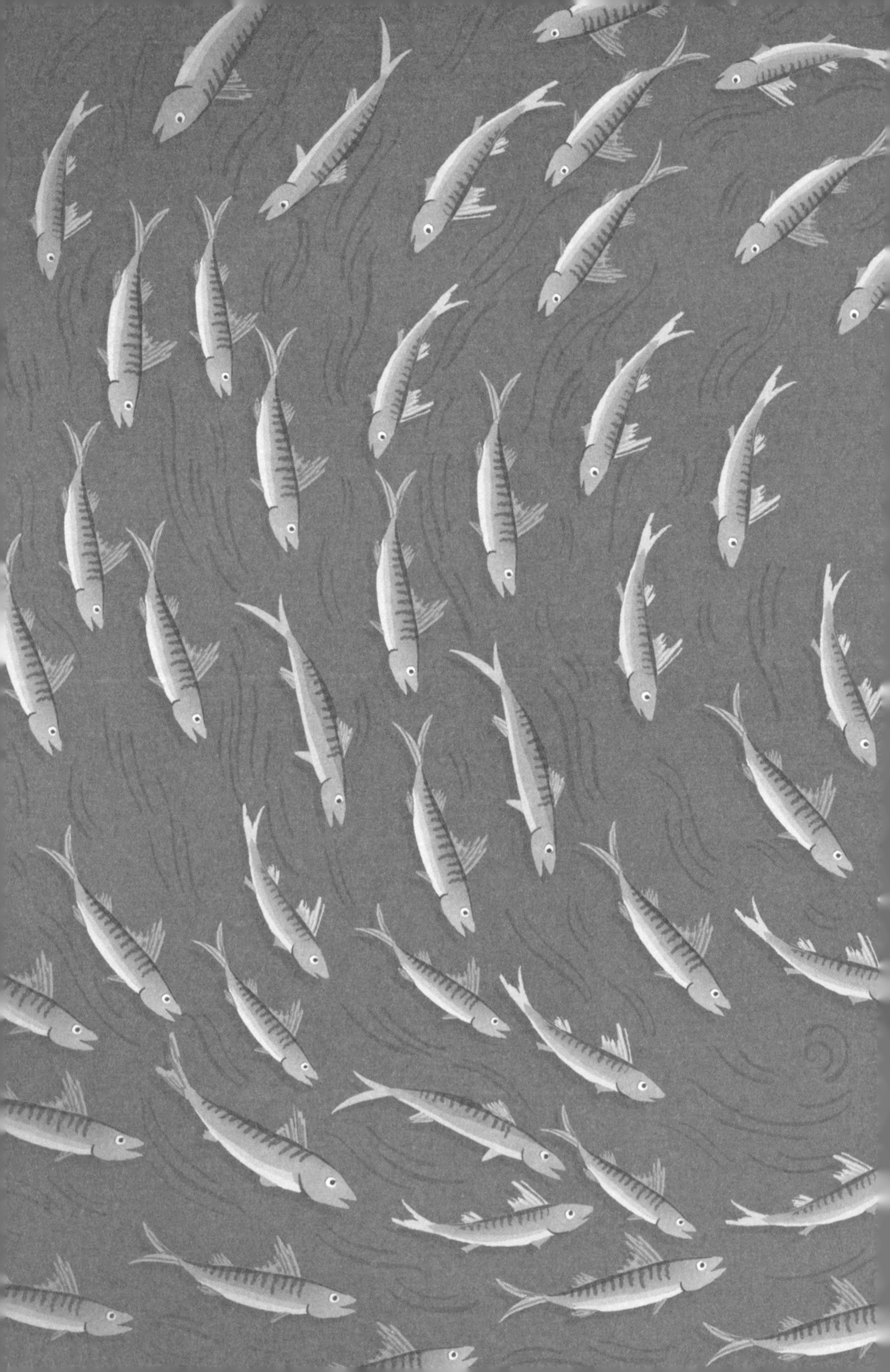

Chapter 6
수수께끼 물속 생물

우리 대부분은 지구의 많은 부분을 차지하는 해양 환경을 좀처럼 이해하지 못한다. 따라서 얕은 지식과 미심쩍은 사실, 깊은 오해가 자리 잡을 여지가 많다.

모든 상어는 잔인한 살인마다?

한 편의 상어 영화가 다른 어떤 영화보다 상어에 대한 우리 생각에 큰 영향을 미쳤다. 한 단어로 된 제목만으로도 등줄기를 오싹하게 하고, 1편보다 못한 속편이 줄줄이 나왔지만 한번 굳어진 생각은 변함없다. 그래도 영화 〈샤크 쓰나미〉 이야기는 안 해도 될 것 같다. 영화 〈죠스〉에 대해 이야기해 보자.

스티븐 스필버그가 1975년에 발표한 역작 〈죠스〉는 센세이션을 일으키며* 모든 박스오피스 기록을 갈아엎었다. 영화의 테마 음악은 들으면 바로 알 수 있다. 두 음만 들려줘도 세 살 난 내 딸은 욕조 반대편으로 도망간다. 심지어 영화를 보지도 않았는데 말이다.

상어의 공격은 당연히 그전에도 영화에 나온 적이 있다. 최초로 나온 영화는 상어 기피제를 개발하려 애쓰는 미 해군 이야기를 그린 1956년작 〈샤크파이터즈〉다. 여러 B급 영화, 특히 〈배트맨〉의 우스꽝스러운 에피소

* 상어는 영화에 몇 분간만 등장하며, 영화 시작 후 77분이 지날 때까지 제대로 나오지 않는다. 상어가 그토록 짧게 나온 이유는 기술적인 문제 때문이었지만, 덕분에 긴장감을 더했다.

드와 적어도 두 편의 제임스 본드 영화에도 이 물기 좋아한다는 어류가 등장했다. 하지만 무엇보다도 상어에 대한 우리의 두려움을 고조시킨 영화는 〈죠스〉였다.

이 두려움은 정당할까? 여러모로 그렇지 않다. 상어 무리는 대체로 인간에게 관심이 없다. 약 500종 중 뱀상어, 황소상어, 흉상어, 백상아리 네 종만이 위험한 상어로 분류된다. 어떤 상어는 너무 작아서 위협이 되지 않는다. 가령 난쟁이랜턴상어는 손바닥 안에 쏙 들어가는 크기다. 섬뜩하게 표현하자면 머리를 잡아 뜯을 수 있을 정도로 작다. 반대로 고래상어는 세계에서 가장 큰 어류이며 20톤은 우습게 넘는다. 인간은 고래상어 옆에 있으면 핫도그만 해 보일 것이다. 우리로서는 다행스럽게도 고래상어는 물속의 미생물을 여과해 섭취한다. 크릴새우보다 큰 먹이는 먹지 않는다. 고래상어 다음으로 큰 어류인 돌묵상어도 마찬가지다.

상어가 공격하는 일은 드물다. 〈죠스〉의 배경지인 미국에서는 1958년 이후 기록된 상어의 치명적인 공격이 하와이에서의 10건을 포함해 45건 있었다. 일 년에 한 건도 안 되는 수다. 전 세계적으로는 1958년 이후 439건의 공격이 있었으며, 이는 연 7.3회 정도다. 다시 말해 누군가는 50일에 한 번씩 상어에게 죽임을 당한다.*

* 여기서 흔히 '토스터를 쓰다가 죽을 확률이 훨씬 더 높다'라거나 '상어보다 개에게 죽임을 당하는 사람이 20배 더 많다' 같은 말이 나온다. 사실일 수도 있지만 그런 비교는 부당하다. 우리 대부분은 매일 개와 토스터를 마주친다. 둘 다 우리 일상의 한 부분이기 때문이다. 세계 인구 중 지극히 소수만이 매일 상어의 세계로 들어간다. 따라서 당연히 토스터나 포악한 개에게 죽을 확률에 비해 상어에게 공격당할 위험이 낮다. 더 공평하게 비교하려면 해파리와 비교해야 할 것이다. 해파리는 매년 상어보다 스무 배나 더 많은 사람을 죽인다.

상어가 평소 먹이로 삼는 고래나 물범 같은 해양 포유류에 비해 인간은 지방이나 살이 적다. 대개는 한 입만 맛봐도 상어들은 입맛을 잃어버릴 것이다.

한편 〈죠스〉 시리즈는 점점 한심해졌다. 각 편에서는 새로운 상어가 등장해 1편에 나온 상어를 멋지게 해치운 경찰서장 브로디의 가족과 맞선다. 〈죠스〉 2편에서 이빨을 드러낸 상어는 브로디의 아이들을 노리고 헬리콥터를 습격한다. 공포감을 더하기 위해 3D로 촬영한 〈죠스〉 3편에서는 상어가 플로리다 해양 공원을 공포에 질리게 한다.

다음편은 최악이다. 제목조차 형편없다. 〈죠스: 더 리벤지〉라는 4편의 제목은 백상아리가 계획된 복수를 할 수 있다는 사실을 보여 준다. 영화 내용 역시 마찬가지다. 상어는 영화 초반에 숀을 물어뜯으며 브로디 가족에게 복수를 한다(스포일러를 해서 미안하지만, 이 영화는 정말로 보고 싶지 않을 것이다). 다음으로 상어는 수천 킬로미터 거리에 있는 바하마로 떠난 숀의 형 마이클과 어머니 엘렌을 노린다. 상어가 초자연적인 능력으로 다른 상어와 연결된다는 암시까지 나온다. 이중 어떤 이야기도 사실을 확인할 필요가 없다. 명백한 헛소리이기 때문이다. 4편에 출연한 배우 마이클 케인조차 영화 속 이 끔찍한 물고기를 구하지 못한다. 〈죠스〉 4편은 〈샤크 쓰나미〉가 나오기 전까지 상어에 대한 잘못된 사실을 전달한 최신 영화였다.

상어에 대한 이번 편을 끝내기 전에 다른 속설에 대해 잠깐 이야기해 보자. 바로 상어는 암에 걸리지 않는다는 이야기다. 과학자들은 그 이유를 모른다고 한다. 그 이유를 밝혀낸다면 인간이 암에 걸리지 않는 방법도 찾을 수 있을 것이다. 그 속설 안에는 어떤 사실성이 숨어 있다. 상어가 인간보다 암에 잘 걸리지 않는 건 사실이다. 그 이유는 알려져 있다. 유전학 연구가 상어의 몸속에서 손상된 DNA를 복구하는 방어 시스템을 찾아낸 것이다. DNA 손상은 거의 모든 암의 원인이기 때문에 DNA를 복구한다면 암을 예방하는 데 도움이 된다. 하지만 상어도 암을 피해 갈 수는 없다. 100년도 더 전에 상어의 악성 종양이 처음 보고됐다.

상어가 암에 걸리지 않는다는 속설은 오랫동안 사실처럼 여겨져 왔고, 1992년에 발표한 I. 윌리엄 레인과 린다 커맥의 《상어는 암에 걸리지 않는다 Sharks Don't Get Cancer》라는 책 때문에 그 믿음은 더 강해졌다. 책에는 여러 유감스러운 주장이 들어가 있다. 그중에 상어 고기, 특히 상어의 연골을 먹으면 인간의 암을 예방하고 치료할 수 있다는 주장이 있었다. 이 주장을 뒷받침하는 믿을 수 있는 과학적 증거도 없다. 책은 널리 주목받았고, 상어 연골이 암 치료의 대체 치료제로 불티나게 팔렸다. 이것은 상어와 인간 두 집단 모두에게 애석한 일이다. 연골의 인기는 당연히 곱상어와 귀상어에게 불행한 일이었다. 이 두 상어가 가짜 약의 재료로 제일 많이 잡혔기 때문이다. 일부 암 환자 역시 생존 확률이 더 높았을 항암 치료나 방사선 치료를 거부하고 근거 없는 치료제에 돈을 낭비하고 골탕을 먹었다. 지난 50년간 세계의 많은 지역에서 상어의 개체 수는 90퍼센트가 감소했다. 개체 수가 줄어든 데는 여러 원인이 있으며, 미심쩍은 치료제를 만들기 위한 낚시는 도움이 되지 않았다.

피라냐가 사람을 물어뜯는다고?

인터넷 영화 데이터베이스 'IMDb'에서 '피라냐'piranha를 검색하면 100편이 넘는 영화 제목이 나올 것이다. 여기에는 잘 알려진 영화 〈피라냐Piranha〉(1978)와 〈피라냐2Piranha II〉(1981)가 포함되어 있지만, 우리 레이더망에 걸리지 않는 영화도 많다. 제목에서 줄거리를 유추할 수 있는 〈킬러 케이트L'invasion des Piranhas〉(1978)와 〈피라냐콘다Piranhaconda〉(2012), 정말 충격적인 피라냐 부족이 나오는 〈카니발 우먼Cannibal Women in the Avocado Jungle of Death〉(1989) 등이 있다. 분명 이빨이 등장하는 장르다.

이 남아메리카산 민물고기는 실제로 무시무시한 이빨과 강력한 턱을 가지고 있다. 피라냐는 브라질 투피족 언어로 '이빨 물고기'를 뜻한다. 피라냐의 이빨은 비록 길이는 0.5센티미터 정도밖에 안 되지만, 끝은 마치 상어의 이빨처럼 날카롭다. 그 이빨로 치명상을 입힐 수 있으며 동족을 포함한 다른 물고기의 살을 뭉텅 잡아 뜯을 수도 있다. 하지만 우리 인간처럼 큰 생명체는 어떨까?

인간을 공격하는 일도 있기는 하지만, 부상은 대개 경미하고 손발만 다치는 정도다. 피라냐는 소심한 물고기이고 잡식성이며 자기보다 몸집이 큰 동물보다는 죽은 고기와 벌레, 초목을 좋아한다. 스트레스를 받으면 공격하겠지만 피라냐 떼 사이에서도 다치지 않고 얼마든지 헤엄칠 수 있다. 2005년 BBC 다큐멘터리 시리즈 〈살아 있는 지구Planet Earth〉의 수중 카메라맨은 떼 지어 몰려드는 피라냐 떼 사이에서 무사히 촬영을 했다. 피라냐는 몇 분 만에 다른 물고기를 뼈만 남기고 잡아먹었지만 카메라맨은 건드리지 않았다. 심지어 카메라맨은 피라냐를 맨손으로 쳐내면서도 전혀 물리지 않았다. 피라냐에게 치명적인 공격을 당한 사례는 극히 드물다. 이른바 피해자라는 많은 사람이 익사 등의 다른 원인으로 사망했으며 사망한 뒤에야 피라냐의 눈에 띈 것으로 나중에 밝혀졌다.

피라냐가 대단히 사나운 물고기라는 평판을 얻게 된 원인은 미국의 시어도어 루스벨트 대통령* 때문이라고 할 수 있다. 대통령이자 동물 연구가였던 그는 1913년 브라질 여행에서 본 피라냐 물고기에 대해 소 한 마리를 몇 분 만에 뼈만 남기고 잡아먹었다고 묘사했다. 루스벨트 대통령이 발표한 여행기 〈브라질 황야를 지나며Through the Brazilian Wilderness〉에는 피라냐에 대해 다음과 같은 숨 막히는 평가가 적혀 있다. "피라냐는 물속에서 조심성 없이 움직이는 손에서 손가락을 뚝 끊어 내고 수영하는 사람들의 팔다리를 잡아 뜯는

* 루스벨트 대통령과 그 가족은 동물학계에 돌풍을 일으켰다. 테디 베어 역시 루스벨트 대통령의 애칭인 '테디Teddy'에서 딴 것이다. 모험을 좋아하던 루스벨트 대통령은 1902년 사냥을 나갔다가 생포하여 줄로 묶은 곰을 쏘는 것을 거절했다(스포츠맨답지 않은 행동이라고 여겨서였다). 이를 본 정치 풍자 만화가가 이 일화를 만화로 그렸고, 이후 봉제 곰 인형을 '테디 베어'라고 부르게 되었다. 25년 뒤 루스벨트 대통령의 아들 커밋과 시어도어가 중국으로 곰 사냥을 떠났다. 두 형제는 서양인 최초로 대왕판다 사냥에 성공한다. 그때 잡은 판다의 가죽은 박제되어 지금도 시카고 필드 자연사 박물관에 전시되어 있다.

다. 파라과이의 모든 강변 도시에는 피라냐에게 팔다리가 뜯긴 사람들이 있다. 피라냐는 물속에 번지는 피 냄새에 환장하기 때문에 상처 입은 사람이나 짐승을 산 채로 찢어발기고 집어삼킨다."

루스벨트 대통령은 실제로 떼 지어 몰려들어 살을 벗겨 내는 피라냐를 본 적이 있지만, 그 유명한 이야기는 대개 당시 상황이 생략된 채 전해진다. 사실 그곳엔 주민들에게 잡혀 며칠간 굶은 피라냐 떼가 있었다. 물에 던진 죽은 암소를 굶주린 피라냐 떼가 자연스럽게 입맛을 다시며 먹어 치웠다. 이렇게 먹이를 향해 떼 지어 몰려드는 일은 일반적인 상황에서는 일어나지 않는다. 피라냐 떼가 암소를 먹어 치우는 장면이 루스벨트 대통령에게 강한 인상을 남겼고, 그때의 일화를 적은 그의 글이 널리 읽힌 것이다. 피라냐는 무차별적으로 공격한다는 평판을 얻었지만, 실제로는 먼저 도발하거나 위협할 때만 인간을 공격할 가능성이 있다. 할리우드 B급 영화에서는 피라냐의 평판을 떨어뜨리는 모습이 거듭 묘사됐다.

피라냐가 영화 제작자로 일할 수 있었더라면 당연히 인간에 대한 공포영화를 여러 편 만들었을 것이다. 브라질 일부 지역에서 피라냐 튀김은 인기 있는 요리이며, 피라냐의 이빨은 수 세기 동안 도구로 이용되었다. 인간이 피라냐에게 물어뜯기는 수보다 훨씬 더 많은 피라냐가 인간에게 잡아먹힌다.

지구상에서 가장 큰 생물은 대왕고래다?

더글러스 애덤스를 쫓으려고 낙하하는 대왕고래 아래 서 있고 싶지는 않을 것이다. (더글러스 애덤스의 책 《은하수를 여행하는 히치하이커를 위한 안내서》에는 핵미사일이 고래로 변하고 그 고래가 땅으로 떨어진다) 이 멋진 생명체는 몸길이가 최대 30미터까지 자라며 대왕고래 한 마리는 몸무게가 170톤까지 나갈 수 있다. 전통적인 방식으로 비교하자면 이층버스 15대, 아니면 티라노사우루스 30마리에 해당하는 무게다. 고래가 이토록 큰 몸집을 유지할 수 있는 건 바닷물의 부력 덕분이다. 중력 때문에 고래는 땅 위에서 제대로 살 수 없지만, 우아하고 위풍당당하게 바닷속을 헤엄쳐 다닐 수 있다. 대왕고래가 역대 가장 무거운 동물임은 거의 확실하다.

하지만 우리가 '최대'의 정의를 넓혀 동물계 이외의 계통까지 들여다보면 더 무게가 많이 나가는 생명체를 어렵지 않게 찾을 수 있다. 수많은 나무는 대왕고래보다 무게가 많이 나간다. 세계에서 가장 큰 나무인 자이언트세쿼이아는 84미터까지 자랄 수 있으며, 최대 무게는 약 2100톤까지 나간다. 세쿼이아와 시소 위에서 균형을 맞추려면 대왕고래 12마리와 기막히게 일을 잘하는 프로젝트 관리자 한 명이 있어야 할 것이다.

나무판 '걸리버 여행기'에서 세쿼이아는 중남부 유타에 가면 작게 느껴질 것이다. 유타 중남부 지역에는 어마어마한 규모의 사시나무 군락이 있다. 이 숲은 '사시나무 거인', '판도'(라틴어로 '나는 뻗어 나간다'는 의미) 등의 다양한 이름으로 불린다. 4만 그루는 각기 다른 나무로 보이지만, 같은 뿌리에서 뻗어 나온 일종의 군락이다. 모든 몸통, 가지, 잎이 같은 DNA를 가지고 있다. 43헥타르에 이르는 전체 숲은 실제로는 옆으로 넓게 펼쳐진 한 나무이며, 이 사시나무 군락의 무게는 약 6600톤으로 대왕고래 39마리에 달한다. 또 사시나무 군락은 세계에서 가장 오래된 유기체로, 그 뿌리가 8만 년 이상은 되었을 것이다. 물론 정확한 나이를 알기는 힘들다.

버섯 역시 옆으로 뻗어 나가며 자란다. 꿀버섯이라는 달콤한 이름으로도 불리는 뽕나무버섯은 골프 코스만한 규모의 땅을 족히 뒤덮으며 자란다. 가장 크다고 알려진 뽕나무버섯 군락은 오리건 블루마운틴 산맥에 있으며, 뉴욕 센트럴파크의 세 배에 해당하는 장소를 뒤덮고 있다. 우리 인간은 이 노란 버섯을 자주 마주치지만, 대부분 땅 밑에서 숨어 자란다. 총 600톤 정도 되며, 대왕고래 서너 마리를 합친 무게다.

부피는 놔두고 길이로만 보면 적어도 한 개의 생물종은 대왕고래보다 몸길이가 길다. 북해의 사자갈기해파리는 촉수가 빽빽하게 달려 있다. 무려 1000개가 넘는 촉수가 최신 유행하는 턱수염이나 사자의 갈기처럼 몸통 부분에서 달랑거린다. 이 촉수는 엄청난 길이로 자란다. 지금까지 기록된 가장 긴 촉수는 37미터 길이로 가장 큰 대왕고래보다 길다. 유럽 해안에서 발견된 긴끈벌레는 심지어 더 길게 자란다. 비록 이 이야기는 구전으로만 전해졌을 뿐 과학적으로 입증된 적은 없다.

호주 북동부 해안에 위치한 산호초 지대인 그레이트 배리어 리프The Great Barrier Reef는 현존하는 세계 최대의 유기체로 자주 언급된다. 2300킬로미터가 넘는 길이로 뻗어 있으며, 면적 면에서는 지구상의 나라들과 비교하면 중간 정도다. 이 산호초는 우주에서도 볼 수 있다. 그레이트 배리어 리프는 의심할 여지없이 지구상에 현존하는 가장 큰 구성물이지만, 이곳의 산호를 단일한 유기체로 보기는 무리다. 실제로는 작은 산호초 무리 수천 개가 넓게 뻗어나간 것으로, 각 무리는 많은 종의 산호초로 이루어져 있다. 이곳의 산호초 역시 죽어가고 있어 가장 큰 유기체에 속하냐 아니냐하는 논쟁이 무의미하게 느껴진다.

고래와 돌고래는 어류다?

잘난 척을 좀 하려고 한다. 똑똑한 독자들은 이미 그 차이를 알고 있겠지만 물고기는 아가미가 있어 물속에서 숨을 쉴 수 있고, 알을 낳으며, 지능이 낮다. 돌고래와 그 친구들은 호기심이 가득하고, 폐로 숨을 쉬고, 살아 있는 새끼를 낳는다. 돌고래는 우리 인간과 같은 포유류다. 하지만 내가 이 이야기를 책에 넣은 이유는 물속에 사는 우리의 사촌인 고래가 오랜 세월 어류로 오해받아 왔기 때문이다.

최소한 성경 시대까지 거슬러 올라간다. 우리 대부분은 요나와 고래 이야기, 아니면 적어도 그 핵심 내용은 알고 있다. 간략히 이야기하자면, 고향 사람들이 배에서 내쫓아 바다에 빠진 요나를 고래가 삼켜 버린다. 요나는 고래의 배 속에서 기도하고 회개하며 3일을 보낸다. 이후 고래는 악취를 풍기는 운 좋은 요나를 니느웨 해안가에 토해 낸다. 이 요나 이야기는 구약 성서에서 가장 유명한 이야기 중 하나지만, 두 주인공 중 한쪽은 잘못 소개됐다. 히브리어 성서에서는 이 동물을 '거대한 물고기'라고 이야기한다. 고래는 물론 어떤 특별한 종도 언급되지 않는다. 성경이 영어로 번역된 16세기부터 고래라는 단어가 슬쩍 들어갔다. 원저자가 요나를 물고기나 고래 또는 은상어의

몸속에 들어갔다고 썼는지 알 방법이 없지만, 지금 전해지는 요나 이야기에서는 고래로 소개되는 비율이 지배적으로 많다.* 고대법에서 잉글랜드의 군주는 국내 바다에서 잡힌 고래나 철갑상어에 대한 소유권을 가졌다. 일부 해석에서는 돌고래와 알락돌고래까지 왕실 소유의 고래로 포함한다. 이들 고래와 철갑상어는 '왕실 어류'라고 불리지만, 이중 철갑상어만 어류다.

빅토리아 시대 사람들조차 포유류와 어류를 아무렇지 않게 섞어 말했다. 런던의 강둑을 따라 걷다 보면 똑같이 생긴 수백 개의 가로등 기둥을 볼 수 있다. 위풍당당하고 견고한 이 수직 기둥은 런던이 빅토리아 제국의 수도였던 시절에 강변을 따라 수천 톤의 잉여 금속을 놓을 형편이 될 때 만들어졌다. 조지 불리아미가 1860년대에 가로등 기둥을 디자인했으며, 그때 만들어진 기둥 대다수가 지금도 남아 있다. 가로등 기둥은 대단히 아름답지만 동시에 사실과 다르다. 각 기둥은 분명 어류를 묘사하고 있다. 비늘, 축 늘어진 주둥이, 지느러미, 뭉뚝한 코, 기둥에 몸을 두 번 감고 있는

* 성경에 나오는 동물 이야기 중 잘못 해석된 동물은 고래만이 아니다. 노아의 방주 이야기 역시 잘못 인용된 이야기로 유명하다. 우리는 모두 노아의 방주에 탄 동물이 '암수 한 쌍'이라고 생각한다. 사실('사실'이 적절한 단어가 맞다면) 하느님은 노아에게 '정결한' 동물(발굽이 갈라진 되새김질하는 동물)을 암수 일곱씩 넣으라고 명령했다. 당나귀와 돼지처럼 발굽이 갈라지지 않은 부정한 동물만 암수 한 쌍을 넣으라고 했다. 이처럼 사소한 트집을 잡아 봤자 어떻게 수백만 동물종이 한 배에 다 탈 수 있었는지 더 근본적인 의문을 해결하지는 못한다.

뱀처럼 유연한 몸통이 있다. 분명 어류다. 의심의 여지가 없다. 하지만 흔히 '양식화된' 돌고래라고 알려져 있다.

그런 오해의 역사가 있다 보니 고래와 돌고래가 여전히 많은 사람에게 어류 취급을 받는 것은 어쩌면 당연하다(아마도 그 사람들은 침팬지를 원숭이라고 생각할 것이다). 하지만 당연하게도 자연은 좀처럼 우리가 기대하고 분류한 대로 흘러가지 않는다. 어떤 상어종은 알을 낳기보다 포유류처럼 살아 있는 새끼를 낳는다. 범고래는 겉모습은 흑백일지 몰라도, 신체 기능은 그렇지 않다. 이름에 '고래'가 들어가지만 고래보다는 돌고래에 더 가깝다.

문어의 다리가 여덟 개라고?

문어에 해당하는 영어 '옥토퍼스'octopus는 그리스어로 여덟을 뜻하는 단어 '옥토'okto와 발과 다리를 뜻하는 단어 '푸스'pous에서 유래했다. 이 이름은 번역 과정에서 의미가 달라진다. 문어의 비범한 다리는 실제로는 다리가 아니며, 끝에 달린 게 확실히 발은 아니기 때문이다. 촉수도 아니다. 적어도 현대적 개념의 촉수는 아니다. 우리가 오징어, 갑오징어, 문어와 같은 두족류 동물을 이야기할 때 촉수는 끝이 곤봉 모양처럼 생긴 가느다란 부속 기관이다. 살이 두툼하고 끝이 뾰족한 부분은 팔다리 또는 팔이라는 더 적절한 명칭으로 불린다.

부정확한 건 그렇다 쳐도 '촉수'는 그런 범상치 않은 팔다리를 가리키기에는 품위 없는 단어다. 문어의 팔은 병뚜껑을 열거나 해저에서 코코넛 껍데기를 들어 옮길 수 있다. 가시문어라는 종은 심지어 육지 위를 걸어 다닐 수 있는데, 빨판을 이용해 바위 웅덩이 사이를 이동하며 게를 찾는다. 이 다재다능한 팔에는 신경세포망이 있으며, 각 팔은 각기 다른 일을 할 수 있다. 잘린 문어 팔은 한 시간 동안 계속 움직이며 고통스러운 자극을 마주하면 움찔거리고, 심지어 음식물을 원래 입이 있던 위치로 가져가기도 한다. 잘린 문어의 팔은 며칠 안에 다시 자란다.

하지만 우리 대부분이 문어에 대해 잘못 알고 있는 점은 복수형이다. 문어를 복수형으로 'octopuses'라고 적으면 잔소리꾼들이 황소 앞에 빨간 천을 흔들어댈 때처럼 흥분해 'octopi'라는 단어를 들이댈 것이다. 문어는 그리스어에서 유래한 단어라고 지적하며 잔소리꾼에 맞설 수도 있지만, 복수형이 'i'로 끝나는 것은 라틴어의 특성이다. 영어의 복수형은 실제로 'octopuses'가 되어야 한다. 공부만 잘하는 한심한 우등생 티를 내며 적절한 그리스어 복수형 'octopodes'를 쓸 게 아니라면 말이다. 이 같은 논리는 오리너구리platypus에도 적용된다.

모든 장어는 사르가소해에서 태어난다?

장어의 모든 점, 말 그대로 모든 점이 약간 이상하다. 장어를 가리키는 'eel'이라는 영어 단어 자체도 이상하다. 마치 장어에 처음 그 이름을 붙인 사람이 단어 앞 글자에 수정액을 쏟은 것처럼. 그러다가 다시 한번 수정액을 쏟아 장어 새끼를 가리키는 이름을 'elver'라고 쓴 것처럼. 장어는 뱀과 물고기를 섞어 놓은 것처럼 생겼다. 닮은 점은 생김새만이 아니다. 뱀의 독처럼 장어의 피는 독성이 아주 강해 어떤 이유로든 그냥 마시면 목숨을 잃을 수 있다.

큰 장어종은 최고 4미터까지 자라며, 최근 발견된 가장 작은 장어종은 최고 몸길이가 2센티미터도 채 되지 않는다. 바로 앞에서 다룬 문어처럼 많은 장어는 땅 위를 기어다닐 수 있고, 몸을 쌓아 탑을 만든 뒤 장애물을 넘기도 한다. 장어는 물속에 사는 거의 모든 생물보다 수명이 길다. 기록은 의심스럽지만 포획된 장어 중 가장 오래 산 장어는 스웨덴의 어느 우물 안에서 무려 155년을 살았다. 장어는 생을 마감하고도 우리를 당혹스럽게 한다. 콧물 같은 젤리 속에 차가운 장어 토막이 들어가 있는 이스트런던 전통 요리인 장어 젤리를 주문하면 지구상에서 가장 괴상한 음식이 나온다. 맞다, 장어는 미끄덩거리기로 악명 높다.

가장 유명한 장어종인 전기뱀장어는 전혀 장어가 아니다. 이름부터 화려한 전기뱀장어는 칼고기의 한 종이다. 전기뱀장어의 가늘고 긴 몸은 구불구불한 장어의 몸과는 대단히 다르게 진화했다. 장어보다는 메기나 잉어에 더 가까운 종이다.

특이성에 대한 서두가 길었지만 이제 가장 중요한 질문으로 넘어가 보자. 장어는 어디서 새끼를 낳을까? 비교적 최근까지 아무도 그 답을 몰랐다. 유럽뱀장어는 평생 대부분의 시간을 민물이 흐르는 강에서 보낸다. 고향을 떠나면 결코 다시 돌아오지 않는다. 그리고 마지막에는 바다로 헤엄쳐 나가 알을 낳고 죽는다. 정말이지 가슴 아픈 이야기다. 바다의 어디쯤인지는 1920년대까지 알려지지 않았다. 그때 대서양 연구팀이 사르가소해로 가까이 갈수록 발견되는 어린 장어들의 몸이 작아지고 있다는 사실을 발견했다.* 바로 그곳이 장어들의 번식지다. 오늘날까지 그 누구도 장어가 야생에서 알을 낳는 장면을 목격하거나 촬영한 적은 없다.

어린 장어가 유럽으로 다시 돌아오는 데는 3년이 걸린다. 이때 장어는 강으로 들어가 수차례 변화를 거듭하며 10년가량 시간을 보내면서 성체로 성장한다. 아메리카뱀장어 역시 사르가소해에서 번식을 한다. 그러니까 서양의 모든 장어는 사르가소해에서 생을 시작하고, 또 많은 장어가 그곳에서 죽음을 맞는다. 하지만 장어는 다른 곳에서도 번식을 하는데 서양의 사례에서

* 서대서양에 있는 사르가소해는 육지 경계가 없는 유일한 바다로, 육지 대신 세 곳의 해류에 둘러싸여 있다.

는 대개 이 점이 간과된다.

다른 종인 뱀장어는 마리아나 제도와 가까운 태평양에서 알을 낳는다. 대략적인 위치는 1991년에야 확인되었다. 아프리카장어 네 종은 마다가스카르 동쪽 인도양 어딘가에서 번식을 한다. 포획한 유럽뱀장어를 번식시키려는 노력도 있었다. 장어 양식업자들은 엄청난 노력을 쏟아 수중 트레드밀을 만들어 유럽부터 사르가소해까지 6500킬로미터에 이르는 여정을 시뮬레이션했다. 연구자들은 민물과 바닷물을 섞어 실험을 해 왔고, 심지어 실험용 장어에 소량의 장어 호르몬을 주입하기도 했다. 그 노력은 제한적인 성공만 거두었다. 장어는 알을 낳기는 했지만, 새끼는 며칠밖에 살지 못했다.

우리가 온갖 노력을 기울였음에도 장어는 아직도 굉장히 불가사의한 존재로 남아 있다. 무엇보다 심각한 멸종 위기에 처해 있다. 개체 수는 1970년대 이후 최소 90퍼센트가 감소했다. 아마 장어는 지나치게 불가사의한 존재다 보니 인류세 대멸종에서 살아남기 힘들지도 모른다.

투구게는 살아 있는 화석이다?

실험을 하나 해 보자. 내가 여러분의 가까운 미래를 예측해 보려고 한다. 휴대전화나 컴퓨터에서 투구게 이미지를 찾아보라. 이제 책을 내려놓고 그 사진을 가장 가까이 있는 사람에게 보여 주어라. 그런 뒤 다시 책을 읽어라.

다시 만나서 반갑다. 그 친구는 방금 '외계인'이라는 말을 내뱉었을 것이다. 그리고 아마도 '생긴 게 약간…'이라고도 말했을 것이다. 당연한 결과다. 유선형의 갈색 갑각과 뾰족한 꼬리를 가진 투구게는 육지나 바다의 그 어떤 생물과도 닮지 않았다. 피가 파란색이며 다리가 열 개인 투구게는 외계 생물체처럼 보인다.

투구게는 사실 진짜 게가 아니다.* 오래전에 게 계통에서 갈라져 나와 심지어 갑각류 동물로 분류되지도 않는다. 최근 유전학 연구에서 이 생물체를 게보다는 거미에 가깝다고 이야기하며 거미류로 분류했다. 최초의 투구게는 약 4억 5000만 년 전 오르도비스기라는 고생대 시기에 지구의 얕은 바다를 종종걸음 놓고 첨벙거리며 지나다녔다. 공룡이 출현하기 2억 년 전이었고,

* 이 점에서 투구게는 소라게도 대게도 아니다. 동물학은 굉장히 헷갈릴 수 있다.

네발 달린 생물이 육지에 나타나기 족히 5000만 년 전이었다. 투구게는 익숙한 존재가 출현하기 전에 나타났고, 그래서 그토록 낯설어 보이는 것이다.

오랫동안 모습이 거의 변하지 않아 투구게는 흔히 실러캔스, 주름상어, 은행나무 등 오랜 시간 살아남은 특이한 모양의 생물들과 함께 '살아 있는 화석'이라 불린다. 모두 공룡보다 먼저 등장했으며, 대멸종 사건에서 살아남아 우리가 사는 시대에까지 남아 있다.

'살아 있는 화석'이라는 말은 먼 과거를 떠올리게 한다. 이 말은 현존하는 친척이 없으며 수백만 년 동안 전혀 변하지 않은 채 남아 있는 동물이나 식물을 가리킨다. 진화는 이 살아 있는 화석인 투구게가 원하는 대로 살도록 내버려 뒀다. 인터넷을 사용하지도 않고, 낯선 음식을 먹으려 하지 않는 연로한 친척처럼 투구게는 고생대 어린 시절의 습관에 갇혀 지냈다.

모순적인 어법은 그렇다 쳐도 '살아 있는 화석'이라는 용어는 다른 여러 면에서 결함이 있다. 투구게와 주름이 자글자글한 투구게의 동료 생물들은 겉보기에는 화석화된 조상들과 비슷할지 모르지만, 진화는 수많은 변화를 가져왔다. 어떤 생물 형태도 자연 선택에 의한 진화 메커니즘의 영향을 피해 갈 수 없다. 진화의 시간 동안 환경 변화는 생물의 유전적 특징, 생리, 신진대사, 해부학적 구조에 미묘한 영향을 미친다. 신체 형태 이외에 거의 보존되지 않는 화석 기록에는 이중 무엇도 남지 않는다. 실제로 투구게는 영겁의 시간 동안 다양하게 변화했다. 네 개의 다른 종을 전 세계의 해변에서 찾을 수 있다는 점을 생각하면 틀림없이 그랬을 것이다. 과학자들은 점점 '살아 있는 화석'이라는 용어를 쓰지 않고 있다. 먼 조상과 비슷한 점이 갑각이라는 겉모습뿐이라는 것을 알기 때문이다.

헷갈리면 안 되는 동물 이름

종류가 넘쳐 나는 것이 동물계라
살짝만 잘못 발음해도 금세 엉뚱한 이름이 된다.
그래서 비슷한 이름을 가진 동물 무리를
게임처럼 흥미진진하게 정리해 보려 한다.

쇠돌고래porpoise와 거북tortoise은 정말 비슷한 한 쌍이지.
두 동물은 헷갈릴 일이 없었지. 언론을 많이 탔으니까.
하지만 그다지 유명하지 않은 동물은 어떨까?
사람들 입에 덜 오르내리는 포토potto와 푸토pooto처럼.

도마뱀skink과 스컹크skunk는 모음 i와 u 하나 차이지만,
도마뱀은 쉭쉭 소리를 내고, 스컹크는 방귀를 뀌지.
주브라zubra는 들소고, 얼룩말zebra은 말이고,
제부zebu는 물론 소 종류지.

아프리카산 영양은 푸쿠puku와 쿠두kudu.
세상에서 제일 작은 사슴? 그래서 그건 푸두pudu.

넙치turbot와 모캐burbot, 오색조barbet와 돌잉어barbel,
어류 세 종과 추격자 한 종, 모두 헷갈리기 쉬운 이름들.

새는 쇠황조롱이merlin 아니면 흰털발제비martin,
물고기는 청새치marlin, 포유류는 담비marten.
비둘기pigeon 또는 홍머리오리wigeon, 당황하지 마.
그렇지 않으면 느시great bustard를 발음할 때 새와 관계가 틀어질 수 있지.

오랫동안 알고 있던 딩고dingo와 봉고bongo,
호주와 콩고Congo가 고향인 개와 사슴.
감미롭고 경쾌하게 노래하는 새 바람까마귀drongo는
저지대에 사는 올링고olingo처럼 나무에서 살지.
다들 마운틴고릴라mountain gorilla는 들어봤을 거야.
그런데 줄무늬족제비stripy zorilla는 본 적 있어?

케어kea와 레아rhea는 우리를 보면 도망가.
한 소리 듣기 싫으면 두 이름을 헷갈리지 마.

알파카alpaca와 파카paca와 플레인 차찰라카plain chachalaca는
각각 낙타과, 설치류, 조류인데 이름이 아주 헷갈려.
또 헷갈리기 쉬운 이름은 새앙토끼pika와 강꼬치고기pike,
각각 달리고, 헤엄치는 두 종은 닮은 구석이 별로 없어.

넝마고기ragfish와 먹장어hagfish, 놀래기hogfish와 돔발상어dogfish,
은상어ratfish와 붉은입술부치batfish, 머리가 납작한 메기catfish.
이 잡다한 물고기 떼는 정말 난해해.
생물학자 다윈이 동화 작가 닥터 수스와 함께 헤엄쳐 다니는 것 같지.

땃쥐shrew와 흰비오리smew, 모아moa와 보아boa,
그리고 짜증스럽도록 길고 긴 후생동물 목록.
우리를 당황스럽고 멍하고 자주 당혹스럽게 만들지만,
하느님이 노아를 선택해서 다행이야.

Chapter 7

벌레와 곤충 팩트 체크

지구 모든 동물종에서 약 3분의 2를 차지하는 생물체.
곤충, 거미, 벌레와 그 친구들 이야기 속으로 들어가 보자.

긴다리거미는 가장 유독한 곤충이다?

한 인터넷 사이트에 따르면 긴다리거미daddy longlegs는 세계에서 가장 독성이 강한 생물 중 하나다. 한 번만 물어도 성인 한 명 정도는 쉽게 죽일 수 있다고 한다. 다행히 송곳니가 하도 약해서 인간의 피부를 뚫지는 못하며, 긴다리거미의 독에 중독돼 죽은 사람은 아직 아무도 없다는 것이다.

이 이야기는 근거가 없다. 적어도 영국에서는 대개 긴다리거미라 불리는 이 종종걸음을 놓는 곤충은 거미가 아니다. 다리 수를 세어 봐라. 긴다리거미는 다리가 여섯 개이며, 각다귀라고도 불리는 곤충이다. 각다귀는 독이 전혀 없다. 각다귀로 가득한 탱크 안에서 발가벗고 굴러다녀도 아무 탈이 없을 것이다. 친구 없는 외톨이가 되는 것 말고는.

긴다리거미라는 애칭을 가진 생물이 또 하나 있다. 하비스트맨, 더 적절한 이름으로 오필리오네스라 불리는 이 곤충은 세계 곳곳에서 발견되며 길고 가느다란 다리가 최소 여덟 개 달려 있다. 거미로 자주 오해받지만, 별개의 거미목 절지동물에 속한다. 거미류와 가까운 종류가 아니다. 하비스트맨은 송곳니도 독샘도 없다.

세 번째 곤충은 긴다리거미라는 애칭으로 불리지만, 진짜 거미의 한 종류다. 흔히 셀러 스파이더라 불리는 유령거미과는 최소 1500종류이며, 모두 길고 가느다란 다리가 특징이다. 어떤 종류는 독이 있고 사람의 피부를 뚫을 수 있다. 긴다리거미의 독성이 강하다는 속설이 어떻게 생겼는지는 확실히 알 수 없지만, 유령거미가 인간에게 위험한 다른 거미를 죽일 수 있는 데서 생겨난 듯하다. 유령거미가 붉은등거미를 잡아먹을 수 있다면 인간도 죽일 수 있다고 (사실이 아니라고 해도) 추정할 수 있다.

집게벌레가 인간의 귓속을 파고든다고?

집게벌레를 좋아하기란 쉽지 않다. 엉덩이 쪽에 붙은 집게발과 주변을 살피는 더듬이는 보고 비명을 지르라고 만들어진 것만 같다. 주황빛을 띠는 칙칙한 갈색 몸통은 1970년대 가구 창고에 들어갈 때마다 완벽한 위장이 됐음에 틀림없다. 집게벌레는 축축하고 어두운 곳에 살며, 인간 세계에서 살지 않는다. 하지만 한 가지 끔찍한 예외가 있다면 집게벌레가 인간의 귓구멍을 통해 뇌로 파고들어 정신 이상을 일으키거나 심하면 목숨을 앗아 간다는 점이다.

이 오싹한 이야기를 사람들은 널리 믿어 왔다. 수 세기 동안 그 믿음이 이어져 왔지만, 이 이야기는 사실이 아니다. 1986년 〈서양의학저널〉에 글을 기고한 제프리 피셔 박사에 따르면 과학 문헌에서 실제 집게벌레가 귀에 들어간 사례를 두 건밖에 찾을 수 없었다. 피셔 박사는 우연이라고 결론 내렸다. 어떤 곤충이든 우연히 잠자는 사람의 귓속에 들어갈 수 있다는 것이었다. 집게벌레가 귀지가 많은 구멍을 정말 좋아했다면 이보다 훨씬 더 많은 사례를 찾을 수 있었을 것이다.

집게벌레의 삶은 이런 계속되는 유언비어 없이도 충분히 흥미롭다. 집게벌레는 알을 낳은 뒤 그 자리를 지키는 몇 안 되는 곤충 중 하나다. 깨어날 새끼들의 어미*는 알을 계속 지켜보고, 심지어 갓 깨어난 유충도 지킨다. 우리는 집게벌레가 육지에서 종종걸음 놓으며 다니는 곤충이라고 생각하며, 대개 실제로도 그렇다. 하지만 집게벌레는 눈에 잘 띄지 않는 독특한 모양의 날개 한 쌍을 숨기고 있다. 가냘프고 투명한 날개는 보통은 가죽처럼 질긴 덮개 아래 접혀 있다. 집게벌레는 날고 싶을 때 덮개를 열며, 덮개 아래 날개는 접힌 상태에서 10배 크기로 펼쳐진다. 이때 따로 근육을 쓰지 않으며, 날개는 종이접기를 할 때처럼 근사하게 펴진다.

여기에 집게벌레의 일반명(집게벌레의 영문명인 earwig는 '귀생물'이라는 뜻이다)에 대한 개연성 있는 어원이 숨어 있다. 집게벌레의 날개는 인간의 귀와 모양이 비슷하고, 높게 솟은 부분과 움푹 들어간 부분이 있다. 집게벌레는 귓속을 파고드는 게 아니라 귀를 닮았다. 집게벌레의 힘센 집게가 귀를 뚫는 데 사용하던 전통적인 도구를 닮았다는 설명도 있다. 어원이 무엇이든 집게벌레가 인간의 귀를 좋아한다는 이야기는 바퀴벌레가 인간의 그곳…을 좋아한다는 이야기만큼 근거가 없다.

---

* 집게벌레의 몸은 짝짓기하기에 유리하다. 암컷의 집게는 길게 쭉 뻗은 모양이고, 수컷의 집게는 크게 휘어져 있기 때문이다.

지네의 다리는 100개다?

센처리, Century = 100년

센처리, Century (크리켓) = 100점

센처리 브레이크, Century break (스누커, 당구 경기의 일종)

= 연속 득점한 100점

센트, Cent = 1달러나 1유로의 100분의 1

퍼센트, Per cent = 100당

센티네리언, Centenarian = 100년을 산 사람

지네, Centipede = 30~354개의 다리

틀린 정보를 찾았는가? 맞다, 이름에 100을 뜻하는 센트cent가 붙었지만, 지네의 다리는 100개가 아니다. 3000종이 넘는 지네가 과학계에 알려져 있지만 이들 지네는 다리의 개수로 구분되지 않는다. 모든 지네는 다리가 한 쌍씩 붙어 있는 몸통의 마디가 반복적으로 이어져 있어야 한다.

물론 앞으로 더 많은 지네종이 발견될 것이다. 확실히 말할 수 있는 사실은 다리가 100개인 지네는 하나도 없다는 것이다. 지네 몸체의 마디 개수는 홀수다. 지네 다리가 100개가 되려면 50개의 마디가 필요한데 50은 홀수가 아니다. 다른 말로 하자면 지구상의 어떤 지네도 다리가 정확히 100개는 아니다. 돌연변이이거나 사고를 겪지 않은 한 말이다.

노래기millipede 역시 이름이 잘못 붙었다. 'milli'라는 접두사는 대개 1000개 아니면 1000번째를 의미한다. 지금까지 확인된 노래기강은 1만 2000종 정도다. 다리 개수는 천차만별이다. 대부분의 지네보다 다리 개수가 적다. 어떤 종은 다리가 겨우 34개밖에 없지만, 지구상의 다리 긴 노래기는 대부분 750개의 다리를 가지고 있다. 다리가 1000개인 노래기는 없다. 노래기는 지네와 쉽게 구분된다. 지네는 몸 마디당 다리가 한 쌍인 반면 노래기는 몸 마디당 다리가 두 쌍이다.

꿀벌은 침을 쏘고 나면 죽는다?

꿀벌은 사람을 쏘고 나면 죽지만 사나운 비겁자 말벌은 침을 쏘고도 멀쩡하다는 이야기는 우리 모두 기저귀를 차고 있을 때부터 듣는 잘 알려진 상식이다. 이유는 침의 구조에 있다. 꿀벌의 침에는 뒤쪽을 향하는 미늘이 있는데, 이 미늘은 살 속에 침을 깊이 꽂아 넣는 역할을 한다. 이 때문에 침은 더 효과를 발휘하지만 침을 뺄 때 내장을 잡아당기게 되어 벌에게 치명적이다. 반대로 말벌의 침은 힘들이지 않고 그저 찔렀다 빼는 단순한 바늘이다. 말벌이 침을 맘껏 찔러대며 가학적 쾌락을 얻는 모습이 쉽게 그려지지 않는가?

꿀벌과 말벌 침의 차이는 경험에 근거한 유용한 어림 법칙이지만 여러 반증을 찾을 수 있다. 미늘이 달린 침은 꿀벌만이 가진 특징일 뿐이다. 호박벌을 포함한 다른 꿀벌과의 벌은 침이 더 날렵하다. 쏘는 일은 잘 없지만 자기 몸에 해를 입히지 않고 인간을 쏠 수 있다. 심지어 꿀벌도 침을 한 번 쏜 후 전부 죽지는 않는다. 꿀벌의 침은 작은 동물과 곤충은 쉽게 뚫을 수 있다. 우리 인간처럼 피부가 두꺼운 포유류를 쏘면 벌의 내장이 파열된다. 여왕벌의 침은 더 단단해서 인간을 여러 번 쏠 수 있다. 물론 여왕벌은 벌집에서 나오는 경우가 잘 없긴 하다.

벌침에 쏘이면 고통스러우며, 벌침의 독에 심한 알레르기 반응이 있는 운 나쁜 사람에게는 치명적일 수 있다. 다행히 꿀벌은 벌집이 위협을 당하지 않는 한 좀처럼 사람을 공격하지 않는다. 말벌은 덜 까다롭다. 말벌은 집 밖에 있을 때 침을 쏘는데, 갑작스러운 움직임이나 접촉처럼 사람에게 직접적인 위협을 느낄 때만 침을 쏜다. 가만히 서 있으면 공격하지 않는다. 우리가 꿀벌보다 말벌을 더 성가셔하는 이유는 말벌의 식습관 때문이다. 군집 생활을 하는 말벌은 뭐든 먹으며, 단 음식을 좋아한다. 말벌은 소풍 바구니 속 음료와 케이크에 달려드는 반면, 꿀벌은 늘 꽃을 향해 달려든다.

벌에 대한 또 한 가지 일반화는 벌이 늘 벌집에서 군집 생활을 한다는 이야기다. 인간에게 가장 큰 도움을 주는 꿀벌 그리고 가장 친숙한 벌인 호박벌은 그렇다. 하지만 약 200종의 벌은 혼자 살며, 이런 벌을 단생 벌이라고 한다. 단생 벌이라는 이름은 약간 오해의 소지가 있다. 많은 단생 벌이 다른 벌 근처에 벌집을 짓고, 사실상 애매한 군집을 이룬다. 다른 벌들은 벌집을 공유하지만 마치 벌 호텔처럼 각자의 방에서 산다. 단생 벌은 대개 꿀도 밀랍도 만들지 않는다.

호박벌은 날기에는 둔해 보이는 육중한 벌이다. 우리는 종종 호박벌이 전혀 날지 못한다는 이야기를 듣는다. 과학자와 공기역학 전문가들 모두 날개 크기를 생각하면 호박벌은 너무 무거워서 날 수 없다고 입을 모은다. 혹은 많은 사람이 그렇게 말한다. 이 이야기는 확실히 엉터리다. 호박벌이 공기역학적으로는 날 수 없지만 날갯짓을 열심히 해 날아다닌다는 사실은 잘 알려져 있고 수십 년 동안 그래 왔지만, 그 잘못된 속설은 상식처럼 끈질기게 이어진다. 이 복슬복슬한 곤충은 자기의 통통한 몸을 들어 올릴 수 있을 뿐 아니라 신경질적인 성격의 소유자로 소풍객들의 몸까지 들어 올릴 수 있다.

거미는 눈이 여덟 개다?

이번 편의 제목을 '모든 거미는 다리가 여덟 개다'라고 붙이고 싶었지만, 그건 무리였다. 다리가 여덟 개인 것은 절지동물*의 대다수를 차지하는 거미류의 주요한 특징이다. 하지만 눈 개수는 각 거미종마다 다르다. 다들 학교에서 배우듯이 여덟 개가 일반적이지만, 어떤 종은 여섯 개, 네 개, 또는 두 개의 눈을 가지고 있다. 동굴에 사는 몇몇 거미는 아예 눈이 없이 진화하기도 했다.

그 밖에도 거미는 여러모로 우리 예상을 뒤엎는다. 모두 명주실을 만들 수는 있지만 우선 알려진 거미종 중 절반 정도만 거미줄을 친다. 모든 거미가 단독 생활을 하지도 않는다. 수백 종의 거미는 힘을 합쳐 공동 거미줄을 만든다. 수천 마리의 거미가 친 커다란 거미줄은 새와 박쥐를 잡을 수 있다. 거미가 인간에게

가하는 위험 역시 잘못 알려져 있다. 호주의 두 거미, 붉은등거미와 호주깔대기그물거미는 독을 지닌 거미로 유명하다. 이 두 거미에게 물리면 대단히 고통스럽고 목숨이 위태로울 수 있지만, 지난 40년 동안 호주에서 거미에 물려 죽은 사람은 단 한 명뿐이다.

마지막으로 육아를 하는 거미는 거미의 생활 방식에 대한 우리 고정관념을 뒤엎는다. 많은 곤충과 절지동물이 그렇듯 거미 역시 대개 알을 낳고 떠난다. 하지만 깡충거미의 일종인 톡세우스마그누스는 적어도 겉으로 보기에는 마치 포유류처럼 새끼를 보살핀다. 어미 거미는 새끼가 태어나고 난 뒤에도 거미집에 자주 드나들 뿐 아니라 거미집 주변에 젖 같은 물질을 분비해 새끼들에게 영양분을 공급한다. 심지어 거미 새끼들이 '젖을 빠는' 모습도 관찰됐다. 이 특이한 가족은 몇 주간 같이 머물다가 새끼가 자립할 수 있을 정도로 충분히 자라면 흩어진다. 참으로 다정한 스파이더맘이다.

---

* 많은 거미가 먹잇감을 붙잡고 싸우는 동안 다리 한두 개를 잃는다. 그래서 통계적으로 거미의 다리 개수는 평균 7.99개다. 하지만 한심하게 규칙을 따지고 드는 사람들이나 그렇게 말할 것이다. 파리는 평생의 대부분을 팔다리 없는 유충으로 지내기 때문에 파리의 다리가 늘 여섯 개는 아니라고 지적하는 사람들과 다를 바 없다. 일상적인 대화에서 쓰는 '절지동물'이라는 단어는 '거미'와 거의 같은 의미로 쓰이지만, 다른 종류의 절지동물도 있다. 거미와 하비스트맨 말고도 진드기, 응애, 전갈이 있다. 맞다, 전갈은 절지동물이다. 또 낙타거미라는 생물도 절지동물에 들어간다. 낙타거미는 거미와 전갈을 합쳐 놓은 것처럼 생겼지만 독은 없다.

암컷 사마귀는 짝짓기 후 수컷을 먹어 치운다?

투구게를 시작으로 외계인처럼 생긴 동물은 이미 언급했다. 사마귀*도 그 목록에 넣을 수 있다. 툭 튀어나온 눈, 두툼한 팔, 꼿꼿한 자세 덕에 사마귀는 다른 곤충들과 어딘가 달라 보인다. 사마귀는 머리를 180도로 돌릴 수 있는 독특한 능력도 가지고 있다. 공중에 날아다니는 벌을 낚아채고 연못의 작은 물고기를 떠 올릴 수도 있다. 무엇보다 암컷 사마귀는 교미 후 수컷 사마귀를 잡아먹는 것으로 악명이 높다.

적어도 사마귀의 평판은 그렇게 널리 알려져 있다. 이 이야기는 약간은 진실이지만, 정말 약간이다. 많은 곤충과 거미 그리고 다른 절지동물이 짝짓기 과정에서 자기 종을 잡아먹는다. 결코 사마귀만 그런 것이 아니다. 사실 암컷 사마귀는 짝짓기 후 수컷을 잡아먹는 일이 다소 변덕스럽다. 1990년대에 이루어진 연구에서는 짝짓기 후 수컷을 잡아먹은 암컷 사마귀가 전체의

* 사마귀의 영어 이름 praying mantis 중 앞에 오는 단어는 이따금 오타가 나는 '잡아먹는'이라는 의미의 preying이 아니라 '기도하는'이라는 의미의 praying이다. 사마귀의 앞발이 마치 기도하는 것처럼 보이기 때문이다. 복수형은 mantises 또는 mantids다. 2400종 가량의 사마귀가 알려져 있다. 사마귀는 특정 사마귀 종을 가리키는 용어가 아니라 모든 종류의 사마귀를 가리키는 일반명이다.

13~28퍼센트가량에 불과하다는 사실을 발견했다. 물론 인간 사회에서는 용인되기 힘들겠지만, 곤충 세계에서는 흔히 일어나는 일이다. 수컷 3분의 2 이상은 살아남아서 다시 기도한다.

때로 암컷 사마귀는 짝짓기 중에 수컷의 머리부터 삼키기 시작한다. 부작용이 있지 않을까 싶겠지만, 수컷은 머리 없이도 짝짓기를 마칠 수 있다. 논란이 된 어떤 실험에서는 샴페인 병에서 터져 나오는 코르크처럼 수컷의 목을 자르면 활력이 증가해 번식 성공 확률이 높아진다는 결과가 나오기도 했다.

동족 포식은 동물계에서 놀랍도록 흔하게 벌어진다. 일부 동물은 영양분을 보충하는 한 가지 방법으로 사산된 새끼를 먹기도 한다(좋은 고기를 낭비할 이유가 없지 않은가?). 다른 어떤 종은 새끼가 어미를 먹어 치운다. '모체 포식'은 부모의 숭고한 희생이며, 곤충, 거미, 벌레사이에서 그런 행동이 나타난다. 더 큰 규모로는 침팬지가 라이벌 침팬지를 죽여서 먹는 장면이 촬영되기도 했으며, 먹을 게 없는 상황에서 철저히 채식 생활을 하는 하마가 우두머리 하마의 살을 뜯어먹는 장면도 관찰됐다.

지렁이를 반으로 자르면 두 마리가 된다고?

흐릿한 어린 시절 기억 중에 모종삽 모서리로 지렁이의 몸을 반으로 토막냈던 기억이 있다. 지렁이를 반으로 자르면 두 마리가 된다는 이야기를 들어서였다. 내 작은 실험의 결과가 어땠는지 기억나지는 않지만 희생된 지렁이에게 약간의 가책을 느낀다.

실제로 몸이 둘로 잘린 지렁이는 죽을 것이다. 그렇지 않다면 몸통 앞부분만 살아남는다. 뒤쪽에는 근육과 항문 정도뿐이다. '머리'와 주요 장기가 사라진 몸 뒤쪽의 생명은 거기서 끝난다. 몇 초 정도 꿈틀거릴 수는 있지만 절대 온전한 벌레로 다시 살아나지는 않는다. 알을 품고 있는 흰색의 두툼한 띠인 환대 뒤쪽이 잘리면 꼬리 부분이 재생해 다시 살아날 수 있다. 꼬리 부분은 머리를 재생시킬 수 없어 금방 죽고 만다.

환형동물인 지렁이는 그 종류가 많고 다양하지만 몸을 나눌 수는 없다. 알려진 편형동물 2만 5000종 중 대다수가 훨씬 더 재생력이 뛰어나다. 그중 편형동물 플라나리아는 단연 독보적이다. 이 행복한 생물은 수많은 조각으로 잘라도 각 조각이 새롭게 재생된다. 연구 결과에 따르면 플라나리아는 279등분했는데도 완전한 개체로 되살아났다. 또한 가로, 세로 어느 방향으로 자르든 몸이 재생됐다. 더 흥미로운 결과가 있다. 플라나리아의 머리를 이등분하되 몸통에 붙어 있게 자르면 잘린 두 부분에서 새로운 머리가 자라나면서 머리가 두 개 달린 플라나리아가 된다. 이 원칙을 적용해 보면 그리스 신화 속 히드라처럼 플라나리아의 머리를 여러 개로 만들 수 있다. 플라나리아는 도시 전설 속에도 등장한다. 영화 〈트와일라잇〉(2008)에서 주인공 에드워드와 벨라는 생물 수업에서 원치 않게 실험 파트너가 되어 플라나리아를 관찰하는 상황에 놓인다. 그 실험은 뱀파이어인 에드워드의 재생력을 대놓고 암시한다.

플라나리아를 절단하는 방식이 약간 잔인하게 느껴진다면 단순히 플라나리아를 괴롭히는 것 이상의 목적이 있다는 사실을 기억하라. 플라나리아 재생 실험은 우리 몸이 왜 그토록 재생력이 떨어지는지 그 이유를 이해할 수 있게 돕는다. 절단된 팔다리나 빠진 이를 다시 자라게 할 수 있다고 생각해 보라. 물론 자포드 비블브락스(《은하수를 여행하는 히치하이커를 위한 안내서》에 나오는 은하계 대통령으로 머리가 두 개 달린 인물)는 빼고서라도, 우리 대부분은 머리 하나면 족할 것이다.

그 밖의 속설과 잘못된 명칭들

양서류와 파충류 : 이 두 동물은 자주 헷갈린다. 가령 도롱뇽과 도마뱀은 겉보기에는 생김새가 워낙 비슷하지만, 도롱뇽은 양서류고 도마뱀은 파충류다. 흔히 양서류는 물에서 살고 파충류는 땅에서 산다고 생각하기 쉽다. 가만히 생각해 보면 그렇지 않다. 예를 들어 거북은 거의 평생을 물속에서 보내지만 확실히 파충류다. 한편 청개구리는 눈에 잘 띄는 땅 위에서 살지만 양서류로 분류된다. 이들을 가르는 특징은 그 생물이 어린 시절을 어디서 보내느냐다. 양서류는 물속에 낳은 알에서 나와 아가미를 통해 호흡하는 어린 시절을 거친다. 대부분은 성장하며 폐가 생긴다. 파충류는 태어날 때부터 폐가 있으며, 육지에서 부화하거나 태어난다(거북이 알을 낳으려고 힘겹게 해변으로 올라가는 이유다). 또 파충류는 대개 피부가 비늘로 덮여 있지만, 양서류는 피부가 축축하거나 미끈거린다. 인간이 쓴 생물 목록에 나오는 그토록 많은 정의가 그렇듯 이런 모든 특징에는 예외가 있다. 양서류와 파충류는 공통점이 많으며 대개 양서파충류로 함께 묶인다(나는 늘 파충양서류가 더 낫다고 생각하긴 했지만).

흰뺨기러기barnacle goose : 검은색과 회색이 섞인 이 새는 부리와 날개와 다리까지 있어 따개비barnacle처럼 보이지는 않는다. 흰뺨기러기가 선체에 달라붙은 모습을 볼 수도 없는 데 왜 'barnacle'이라는 영어 이름이 붙었을까?*
신기하게도 따개비의 이름을 흰뺨기러기에서 따온 것이지 그 반대가 아니다. 중세에는 흰뺨기러기가 물속 따개비에서 태어난다고 믿었다. 이 믿음은 18세기까지 지속되었다. 첫 문장을 저렇게 쓰긴 했지만 따개비의 통통한 몸통은 흰뺨기러기의 목과 약간 닮은 데다가 따개비에서 태어난다는 설은 흰뺨기러기가 여름에 보이지 않는 이유도 설명해 줬다(사실은 북극에서 새끼를 낳느라 바빠서였다). 그 속설 덕에 배고픈 기독교인들은 배를 채울 수 있었다. 흰뺨기러기는 특이한 재주를 가진 조개류로 보이기도 했으니 육식을 금하는 기독교의 성금요일에 만만한 목표물이었다. 흰뺨기러기가 태어났다는 따개비는 흰뺨기러기의 영문명과 앞뒤 단어를 바꿔 'goose barnacle'이라고 불린다. 따개비를 삿갓조개, 홍합, 대합조개 같은 연체동물로 추정한 적도 있지만 지금은 갑각류로 분류하며, 따개비는 바닷가재, 새우와 공통점이 더 많다. 결코 새는 아니다.

맹금류bird of prey: 살아 있는 먹이를 잡는 모든 새를 맹금류라고 생각할 수 있다. 그렇지 않다. 왜가리, 갈매기, 펭귄, 물총새를 포함한 많은 새들이 살아 있는 동물, 대부분은 물고기를 사냥한다. 황새는 다른 새를 먹고, 비둘기 한 마리를 통째로 삼킨다고 알려져 있다. 나는 까마귀 떼가 찌르레기 한 마리를 쪼아 죽이는 광경을 목격한 적도 있다. 여기 언급한 어떤 새도 전통적인 의미에서 맹금류로 여겨지지는 않는다. 맹금류라는 이름은 살을 찢기 좋은 날카로운 부리와 발톱을 가진 육식조를 가리킨다.

파랑새: 1940년에 베라 린이 불러 널리 알려진 노래 가사에 따르면, 전쟁이 지나간 후엔 '도버의 하얀 절벽 위에 파랑새가 날아다닐 거예요.'라고 한다. 아직 그날은 오지 않았다. 파랑새는 영국 도버가 아니라 아메리카 대륙에 서식하기 때문이다. 이 곡의 작사가 냇 버턴은 이 사실을 몰랐던 것 같다. 비슷한 맥락에서 나이팅게일도 버클리 광장에서 노래한 일이 한 번도 없었을 것이다.(베라 린은 〈나이팅게일은 버클리 광장에서 노래했었지〉라는 또 다른 노래를 불렀다.) 영국 런던 중심부에 위치한 이 광장은 너무 시끄러운 도심지라 숲과 황야 지대에 사는 이 부끄럼 많은 새가 지내기는 힘든 곳이다. 그럼에도 이 노래는 사랑의 신비한 힘을 이야기하며, 노랫말은 의도적인 판타지라고 볼 수 있다.

---

* 거위를 가리키는 단어 goose의 복수형은 geese지만, 몽구스에 해당하는 mongoose의 복수형은 mongooses다. 영어는 머리 뚜껑 열리도록 바보 같은 언어다.

물소buffalo와 들소bison : '내게 집을 주세요. 거기엔 물소가 노닐고 사슴과 영양이 뛰어놀아요…' 1872년 브루스터 M. 히글리 박사가 쓴 시로, 미 서부에서 가장 유명한 노래 중 하나인 〈목장 위의 집〉의 첫 행이다. 자신의 꿈을 이루기 위해 히글리 박사는 또 다른 대륙으로 이주해야 할 것이다. 엄밀히 말하면 물소의 원산지는 북미가 아니기 때문이다.
사실 노래에서는 들소가 노닐어야 했다. 한때 미 서부에 엄청나게 많은 들소가 돌아다녔다. 반면 물소는 아프리카(아프리카물소)와 아시아(아시아물소)에서만 찾을 수 있다. 둘 다 큰 갈색 소이지만 가까운 친척 관계는 아니다. 들소는 등이 혹처럼 솟아 있으며, 턱수염이 달렸고, 뿔이 짧고 날카로운 반면, 물소는 혹과 턱수염 둘 다 없고 사람 키보다 크게 자라는 커다란 뿔이 달려 있다.
요즘 이런 식의 구분은 동식물 연구가와 트집 잡기 좋아하는 사람들이나 한다. 보통 사람들은 북미산 들소 이야기를 할 때 '물소'와 '들소'를 섞어서 쓴다. 지금까지 한 어떤 이야기도 왜 프라이드치킨이 간혹 '버팔로 윙'buffalo wing이라는 이름으로 팔리는지 설명해 주지는 못한다.

벌레bug : 이 말은 일상적인 대화에서 모든 곤충 또는 빠르게 움직이는 작고 징그러운 존재를 가리킨다. 과학자들은 이 단어를 더 정확하게 사용한다. 진짜 벌레는 노린재목에 속해야 하며, 노린재목에는 매미, 진딧물, 금노린재 등이 있다. 모두 액체 물질을 빨아들이기 적당한 입 구조인 흡수형 구기를 지니고 있다. 러브버그, 왕풍뎅이, 무당벌레는 다른 동물목에 속하며(이런 벌레를 '험버그'humbug라 부를 수도 있다), 빈대는 진짜 벌레다.

나비와 나방 : 어째서 개구리와 두꺼비 사이 결정적인 차이가 존재하지 않는지 기억하는가? 나비와 나방도 마찬가지다. 나비는 보통 더 활동적이고 햇빛을 사랑하는 반면, 나방은 밤에 활동하는 칙칙한 존재다. 하지만 늘 그렇지는 않다. 가장 눈에 띄는 차이는 더듬이다. 나비는 더듬이가 길고 끝이 뭉툭한 반면 나방의 더듬이는 빗 모양으로 생겼거나 털이 많다. 하지만 이번에도 역시 늘 그렇지는 않다.
옷에 구멍을 낸다고 나방을 저주할 수도 있지만, 나방은 의류 산업에 도움을 주기도 한다는 사실을 기억해야 하다. 실제로 실을 뽑는 누에는 누에나방의 유충이다. 누에나방에게는 또 한 가

지 흥미롭고 특별한 점이 있다. 이 글을 쓰는 시점에 누에나방은 인간을 제외하고 달에 착륙한 몇 안 되는 동물 중 하나라는 사실이다. 2019년 1월, 달에 착륙한 중국 무인 우주 탐사선 창어 4호는 완보동물뿐 아니라 살아 있는 누에 알 한 통을 같이 실었다.

카나리아 제도 Canary Islands : 대서양에 있는 이 제도는 카나리아가 아니라 개canine에게서 따온 이름이다. 로마인들은 이 제도를 '개들의 섬'을 뜻하는 '카나리아 인술라'Canariae Insulae라고 불렀다.(이유는 확실치 않지만 몇몇 자료에서는 섬에 개가 많아서라고도 이야기하고, 다른 자료에서는 한때 이곳에서 개를 숭배했기 때문이라고도 이야기한다) 오히려 새장에서 키우는 익숙한 카나리아는 야생 서식지였던 카나리아 제도에서 이름을 따왔다. 런던의 카나리 워프Canary Wharf 지역 역시 카나리아 제도에서 그 이름을 따왔다. 카나리아 제도에서 나오는 배들이 한때 이곳에 정박했기 때문이다. 놀라운 우연으로 카나리 워프는 '아일 오브 독스'Isle of Dogs라는 런던 지역 안에 있다.

흡혈메기: 이 작은 아마존강의 물고기는 오줌 줄기를 거슬러 헤엄쳐 올라가 사람의 성기로 들어간 뒤 살을 파먹는다는 이야기로 유명하다. 공포물의 소재이며, 놀랍게도 알려진 다른 이야기는 거의 없다. 수십 년간의 소문과 일화에도 불구하고 흡혈메기가 성기에 들어간 사례는 단 한 건밖에 없었다. 진지한 연구는 찾기 힘들며(도대체 누가 그 실험에 자원하겠는가?), 흡혈메기는 인간의 몸에 난 구멍에는 관심이 없는 듯하다. 확실히 흡혈메기가 중력과 흐름을 거슬러 오줌의 강을 헤엄칠 방법은 없다.

까마귀crow : '직선거리로'라는 뜻의 'as the crow flies'는 구불구불한 도로를 오가는 대신 두 지점 사이 최단 거리를 가리킬 때 쓰는 표현이다. 그 표현에는 문제가 있다. 까마귀는 특별히 일직선으로 날지는 않으며, 빙글빙글 도는 모습이 자주 포착된다. 마찬가지로 어떤 장소에 정말 최단 거리로 가려면 직선으로 가기보다 주춤거리면서 덤불 주변을 빙빙 돌아야 한다.

사해Dead Sea : 중동에 있는 이 바다는 두 가지로 유명하다. 바닷물보다 아홉 배나 높은 강한 염도, 그리고 그 결과 생물이 살지 않는 곳으로 잘 알려져 있다. 하지만 이름처럼 생명이 아예 살지 않는 것은 아니다. 식물은 보통 이곳에서 자랄 수 없지만, 박테리아, 고세균류, 버섯류는 자랄 수 있다. 홍수 때 치명적인 염도가 희석되면 작은 조류밭도 관찰된다. 사해에 들어가는 유일한 동물은 독특한 부력을 시험해 보고 싶은 인간들뿐이다.

개똥벌레firefly : 이 빛을 내는 곤충은 흔히 반딧불이라고도 불린다. 이 곤충이 속한 반딧불이과 또는 개똥벌레과는 파리fly도, 벌레도 아니고 딱정벌레다.

흰색 털복숭이 타란툴라 : 인터넷 검색을 하다가 우연히 하얀색 털이 텁수룩하고 붉은색 눈이 여러 개 달린 거미 사진을 보게 될지도 모른다. 백색 타란툴라라 불리는 이 생물은 호주에 서식하며, 사람의 손보다 크게 자란다고 알려져 있다. 이 거미는 가짜이지만 일부러 만들어 낸 이야기는 아니다. 이 가짜 거미는 2012년 봉제 장난감으로 만들어졌다. 거미 사진이 인터넷에 돌며 결국 원래 설명과 달라진 것이다. 거미 인형은 머펫(Muppet, 미국 버라이어티 프로그램 〈머펫쇼〉에 등장해 유명해진 동물 인형) 정도로 보이지만, 많은 사람이 그 거미를 진짜 거미라고 믿었다. 인터넷에 돌아다니는 이야기를 얼마나 조심해서 믿어야 하는지 잘 보여 주는 예다.

기니피그guinea pig : 돼지pig도 아니고 아프리카 기니가 원산지도 아니다. 안데스산맥이 원산지인 설치류다. 어떤 이유로 이처럼 부정확한 이름이 붙었는지는 알 수 없다.

마운틴치킨개구리mountain chicken : 이번 장에 나오는 모든 동물 중에 마운틴치킨개구리가 제일 잘못된 이름이다. 도미니카섬과 몬트세라트섬이 원산지인 이 큰 개구리는 섬사람들이 별미로 먹었다. 맛이 닭고기와 비슷하다고 해 그런 이름이 붙었으며, 현재 심각한 멸종 위기에 처해 있다.

검은 표범panther : 블랙팬서, 핑크팬더, 그리고 미국 프로 미식축구팀 캐롤라이나 팬서스까지. 이 살금살금 움직이는 고양잇과 동물은 대중문화와 스포츠 문화에 어떤 대형 고양잇과 동물에도 뒤지지 않을 만한 영향을 미쳤다. 그런데 이상하게도 그런 이름의 종은 없다. '검은 표범'이라는 말은 유별나게 검은색 털을 가진 모든 고양잇과 동물에 붙는다. 아시아와 아프리카의 대표적인 검은 표범은 영화 〈정글북〉에 나오는 바기라 같은 표범이다. 미 대륙에서는 흑재규어가 검은 표범이라고 알려져 있다. '팬서'라는 이름은 재규어와 표범이 속해 있는 표범속에서 유래했다.

피그미 매머드pygmy mammoth : 두 개의 모순되는 단어가 붙은 동물 이름이다. '피그미'는 작음을 뜻하고, '매머드'는 거대함을 뜻한다. 피그미 매머드는 약 1만 3000년 전까지 캘리포니아의 채널 제도를 돌아다니며 살았다. 다른 매머드에 비하면 작았지만, 덩치 큰 암소만큼 컸다.

코알라koala bear : 지금쯤 추측했겠지만 코알라는 곰이 아니라 유대목 동물이다. 이 잘못된 이름은 회색 주머니곰을 뜻하는 라틴어 학명 'Phascolarctos cinereus'에서 비롯되었다.

빨간 코를 가진 순록 루돌프 : 맨 앞에서 산타클로스의 썰매를 끄는 순록 중에 뿔이 없는 순록을 본 적이 있는가? 없다. 뿔은 빨간 코만큼이나 루돌프 외모에서 필수적인 부분이다. 그래서 맨 앞에서 썰매를 끄는 루돌프는 언제나 '암컷'이다. 수컷 순록은 겨울에 뿔 갈이를 하지만 암컷 순록은 하지 않기 때문이다. 사소한 트집은 이쯤 해 두고, 코를 반짝이며 하늘을 나는 순록은 정말 있을 것만 같다.

정어리 : 흔히 물고기의 한 종으로 취급되는 정어리는 주로 통조림으로 많이 만들어지며 청어과에 속한 기름기 많은 작은 생선을 총칭하는 이름이다. 세계보건기구WHO 지침에 따르면 적어도 21종의 물고기를 정어리로 분류할 수 있다.

불가사리starfish : 어류가 아니며 심지어 가까운 친척 관계도 아니다. 갑오징어, 가재, 해파리, 수많은 조개류도 어류가 아니다. 가장 미심쩍은 부분을 제쳐두고도 그렇다.

적자생존 : 이 말은 찰스 다윈과 밀접한 관련이 있다. 하지만 찰스 다윈이 쓴 책 《종의 기원》 초판에는 이 말이 나오지 않는다. 이 말은 경제학자 허버트 스펜서가 《종의 기원》을 읽고 난 뒤 처음 사용한 말이다. 다윈은 그 말이 마음에 들어 《종의 기원》 5판에 이 말을 집어넣는다. '적자생존'은 대개 특정 종에서 가장 강한, 즉 가장 강한 신체를 가진 자가 살아남는다는 의미로 잘못 받아들여진다. 미묘하게 의미가 다르다. 여기서 '가장 강한'은 '주변 환경에 가장 잘 적응한다'는 의미다.

흰코뿔소 : 흰코뿔소는 흰색이 아니며 검은코뿔소는 검은색이 아니다. 둘 다 아주 비슷한 회색이다. 그런데 이름이 왜 그러냐고? 두 코뿔소의 주요한 차이 중 하나는 입에서 찾을 수 있다. 흰코뿔소는 검은코뿔소보다 입이 더 넓고 편평하다. 이와 관련된 한 가지 이론은 처음 두 코뿔소의 이름을 지은 최초의 유럽인 네덜란드 식민지 개척자들이 '넓다'는 뜻의 네덜란드어 'wijd'를 사용해 입 모양 차이로 두 코뿔소를 구분하려고 했다는 것이다. 이 단어를 나중에 영국인들이 '흰색'white으로 잘못 번역했다고 한다. 그럴싸하지만 증거가 부족하다. 다른 이론도 많다. 흰코뿔소가 밝은 색의 진흙에서 뒹굴고 있는 모습이 처음 목격되었을지도 모른다. 초기 식민지 개척자들이 본 코뿔소의 태생적인 색깔이 지금보다 더 밝았을 수도 있다. 내가 좋아하는 이론은 흰코뿔소의 등에 왜가리 똥이 잔뜩 붙은 데서 그런 이름을 얻게 됐다는 것이다. 이 이론으로 정해 버리자.

굴뚝새: 몸집이 작은 이 새는 가끔 유럽에서 가장 작은 새로 꼽히며, 영국 사람들은 분명 그렇게 믿고 있다. 굴뚝새는 1936년 영국에서 마지막으로 발행된 동전 파딩에 새겨졌다. 가장 작은 동전에 가장 작은 새가 찍혀 나온 것이다. 하지만 상모솔새가 더 작고, 더 가볍다. 무게가 5그램이 채 되지 않아 커다란 포도알 하나의 무게와 비슷하다. 굴뚝새는 그 두 배까지 나간다. 그리고 상모솔새보다 훨씬 더 흔히 볼 수 있다. 그 때문에 머리 윗부분이 노란 굴뚝새는 자주 외면 받는다.

잘못 발음하기 쉬운 이름들

아홀로틀axolotl: 우파루파라는 명칭으로도 잘 알려져 있는 이 독특한 멕시코산 양서류는 독특한 생활 방식 못지않게 이름도 독특하고, '악슬레-오트-얼'이라고 발음된다. 다른 양서류와 달리 아홀로틀은 변형을 겪지 않고 성체가 된다. 육지 생물에게 있는 폐가 발달하는 대신 아가미를 그대로 유지하고 물속에 산다. 생식소만 제외하고 어릴 때 모습을 그대로 유지하는 것을 '유형 성숙'이라고 한다.

담륜충bdelloid rotifer: 수컷은 한 번도 관찰된 적이 없으며, 무성 생식을 하는 아주 작고 신기한 동물 집단이다. 이 이상한 영어 이름은 '거머리 같은'이라는 의미의 그리스어 '델라'bdella에서 유래했다. 'B'는 묵음이라 불필요한 글자다.

실러캔스coelacanth: 실러캔스는 눈에 띄는 변화 없이 영겁의 세월을 살았던 '살아 있는 화석' 중 하나다.(169쪽 참고) 특히 실러캔스는 느닷없이 다시 등장한 것으로 유명하다. 이 고대 물고기는 공룡과 함께 멸종한 줄로 알았고 화석 표본으로만 알려져 있었다. 그런데 1938년 화석과 아주 유사한 살아 있는 실러캔스가 남아프리카공화국 해안에서 발견되었다. 마치 해안에서 살아 있는 트리케라톱스를 발견한 것과 같았다. 실러캔스라는 이름은 '속이 빈 등뼈'라는 의미이며, '실-레-칸스'라고 발음한다.

가시두더지echidna: 오리너구리와 함께 네 종의 가시두더지는 알을 낳는 몇 안 되는 포유류다.

'에키드나'라는 이름은 바실리스크처럼 특이하며 고대 신화에서 유래했다. 그리스 신화에서 에키드나는 반은 여성, 반은 뱀의 몸을 한 괴물이다. 짧은코가시두더지도 비슷하다. 새끼를 낳는 포유류인 동시에 알을 낳는 파충류다. 그리스어 단어라 경음인 'c'가 들어가 있지만 '에-키드-나'라고 발음해야 한다. 속칭인 '가시개미핥기'라고 써도 되지만 미 대륙의 진짜 개미핥기와는 별 관계가 없다는 사실을 명심해라.

연골어류elasmobranch: 연골어류는 상어, 가오리, 홍어, 톱상어를 통칭하는 이름이다. '엘라스모-브랑크'라고 발음한다. 상어와 관련된 세계 밖에서 쉽게 들을 수 있는 단어가 아니지만 순수하게 단어가 재미있어서 넣어 봤다. 재미로는 유일하게 바다 연체동물을 가리키는 나새류에게만 밀린다.

포사fossa: 애니메이션 영화 〈마다가스카〉를 봤다면 이 고양이처럼 생긴 포식자가 기억날 것이다. 포사는 줄리언 대왕과 여우원숭이들에게 불안감을 주는 존재다. 영화에서 모두가 포사를 '푸-사' foo-sa라고 부르며, 표지판에도 그렇게 적혀 있다. 올바른 철자는 포사 fossa이지만, 푸사가 원산지인 마다가스카르 발음과 더 비슷하다. 표준 영어에서는 포사라고 말해도 아무 문제가 없다

과나코guanaco: 라마를 닮은 파타고니아 출신의 이 동물은 그 지역 출신이 아닌 사람들은 대개 '과'라고 발음하지만 스페인 본토 발음인 '화-나르-코'가 훨씬 듣기 좋다.

후투티hoopoe: 유라시아와 아프리카 전역에서 서식하는 주황색과 검은색이 섞인 매력적인 새다. 마지막 모음 발음이 헷갈릴 수 있다. 'o'가 하나 더 붙었다고 생각하고 '후-푸' hoo-poo, hu-pu라고 발음하면 된다.

오랑우탄orangutan 우리가 다 아는 단어지만, 단어 끝에 불필요한 'g'를 넣어서 발음하는 사람

이 얼마나 되는가? 실제로 과거에는 '오랑우탕'orangutang이라고 쓰기도 했지만, 현재 표준 영어에서는 마지막에 'g'를 넣지 않는다. 오랑우탄이라는 이름은 오랑우탄의 오렌지색과 관련이 있다고 많이 생각하지만 사실은 '숲의 사람'을 뜻하는 말레이어에서 유래했다.

말미잘sea anemone: 말미잘은 이국적인 식물처럼 보이고 실제로 유명한 꽃 식물에서 이름을 따왔지만, 말미잘은 우리처럼 동물계의 중요한 일부일 뿐이다. 말미잘의 영어 이름은 약간 발음이 힘들다. 우리 뇌는 '안-에너미'라고 발음하길 원하지만, 실제로는 '안-에머니'라고 말해야 한다.